낙선재 일곽의

조영배경과 건축특성

낙선재 일곽의
조영배경과 건축특성

초판인쇄 2014년 3월 31일
초판발행 2014년 3월 31일

지은이 노진하
펴낸이 채종준
기 획 이혜지
편 집 백혜림
디자인 이명옥
마케팅 송대호

펴낸곳 한국학술정보(주)
주소 경기도 파주시 회동길 230 (문발동513-5)
전화 031) 908-3181(대표)
팩스 031) 908-3189
홈페이지 http://ebook.kstudy.com
E-mail 출판사업부 publish@kstudy.com
등록 제일산-115호(2000. 6. 19)

ISBN 978-89-268-6111-0 93540

낙선재 일곽의

조영배경과 건축특성

노진하 지음

일러두기

    – 단행본·영인본과 정기간행물의 제목을 적을 때는 『 』를 사용하였습니다.
    – 논문과 그림·문서·사진자료의 제목을 적을 때는 「 」를 사용하였습니다.
– 잡지·신문기사의 제목과 상량문 국역본의 참고문헌을 적을 때는 〈 〉를 사용하였습니다.
    – 상량문과 문서자료의 보고서 제목을 적을 때는 ' '를 사용하였습니다.
    – 출처 표기가 없는 그림·도면·사진은 필자가 작도 또는 촬영한 것입니다.

헌종과 경빈께

머리말

내게는 가봐도 가봐도 또 가보고 싶은 장소가 있다. 바로 최고의 기술과 예술이 발휘된 궁궐건축이면서 아늑한 주거건축, 완벽한 인공의 미를 지녔지만 정감 있는 건축인 낙선재 일곽(樂善齋 一廓)이다. 거기서 느끼는 새로운 감동과 편안함이 좋아 오늘도 나는 그곳에 간다.

창덕궁의 금천교, 진선문을 지나 동쪽으로 걷다 보면 터 좋은 곳에 여러 건물이 모여 하나의 일곽을 이루고 있는 건축을 만날 수 있다. 일곽은 세 동의 주요 건물인 낙선재, 석복헌(錫福軒), 수강재(壽康齋)를 중심으로 세 개의 영역으로 나뉜다. '낙선재 영역'은 헌종(憲宗)의 거처였고 '석복헌 영역'은 그의 부인 경빈 김씨(慶嬪金氏)의 거처, '수강재 영역'은 그의 할머니인 순원왕후(純元王后)의 거처였다. 이 중 낙선재 영역이 왕의 공간으로서 위계상 우위에 있으며 왕의 연침인 낙선재가 영역 내 대표건물이므로 세 영역을 총칭하여 '낙선재 일곽'이라 부른다. 낙선재 일곽은 1989년 이방자 여사의 서거와 함께 조선 왕족의 주거지로서의 기능을 다하고 1992년부터 시작된 복원공사를 거쳐 96년 9월 일반인들에게 공개되었다. 그 후 일곽 중 낙선재만이 그 가치를 인정받아 2012년 3월 보물 제1764호로 지정되었다.

내가 이 건축을 처음 본 것은 복원공사 중이었던 1993년이다. 어수선한 공사

현장 속에서도 세련되어 보이는 건축에 첫눈에 반했고 이런 '인공'이 존재한다는 데 놀랐다. 그리고 어떤 경위로 이렇게 아름다운 건축이 있게 되었는지 알고 싶었다. 하지만 이전까지 왕족이 살고 있어 연구대상이 되기 어려웠기 때문에 알려진 것이 많지 않았으며 보물 같은 건축특성들이 내겐 쓰임새를 잘 모르는 조각들처럼 느껴졌다. 운이 좋게도 상량문의 내용과 조영 당시 역사의 고찰을 통해 조영배경을 밝힐 수 있었고 비로소 건축의 숨은 내용을 읽을 수 있었다. 이리저리 굴러다니는 퍼즐 조각들이 서로 들어맞기 시작하는 것 같았다. 미흡하나마 이렇게 고찰한 내용을 토대로 1994년 석사학위논문 「낙선재 일곽의 조영배경과 건축특성」을 쓰게 되었으며 이것은 낙선재 일곽에 관한 최초의 논문이었다. 이후 논문의 일부가 「낙선재 일곽 건축의 조영에 관한 복원적 고찰」이라는 제목으로 『건축역사연구』(제4권, 1995.6. pp.43~70)에 게재되었다.

이 책은 같은 제목의 석사학위논문을 수정·보완한 것이다. 책의 내용은 크게 두 부분으로 나눌 수 있다. 한 부분은 조영배경을 밝힌 Ⅱ장과 Ⅲ장이다. 건축 고찰에 앞서 낙선재 일곽을 누가, 언제, 어디에, 무슨 이유로 조영하였는지 기술하였다. 현재 많은 사람들이 알고 있는 '언제 조영되어 누가 사용하였다'라는 결과가 어떻게 도출된 것인지 논거를 제시하고 논증하였다. 또 한 부분은 건축을 고찰한 Ⅳ장이다. 여기에서 낙선재 일곽이라는 건축을 6가지 구성요소별로 살펴보았다. 입지에서부터 건물에 걸린 편액에 이르기까지 현존 건축과 사료를 함께 고찰하여 건축특성을 정리하였다.

책을 준비하면서 얻은 수확 중 하나는 낙선재 일곽과 건축계획을 주도했다고 믿는 헌종과의 연관성을 재조명할 수 있었다는 점이다. 학위논문에 기술된 헌종은 그저 건축주일 뿐이었다. 하지만 오랜 시간이 흐른 지금 낙선재 일곽의 예술성이 이 건축을 있게 한 장본인인 헌종과 무관하지 않음을 알게 되었다. 건축과 건축주가 이제야 제대로 짝을 이루게 된 것 같아 기쁘다. 또 다른 수확은 '낙선재 상량문 현판'의 존재를 알게 된 것이다. 헌종이 지은 상량문을 당시 실세인 조봉하가 쓴 것으로 여기에는 낙선재의 상량시기가 연도뿐만 아니라 몇 월인지까지 적혀 있다. 낙선재 일곽의 예술성을 높이는 데 일조한 낙선재 창호는 안타깝게도 현재 많은 부분이 훼손되어 있는데, 없어져 가는 문양 조각들을 찾아 원래의 모습대로 도면화할 수 있었던 것도 큰 수확이었다.

　낙선재 일곽을 알게 되고 연구할 수 있었던 것도, 책을 펴내 가치 있는 건축을 더 많은 이들과 공유할 수 있게 된 것도 모두 행운이다. 지금은 모든 것이 행운이라고 말할 수 있지만 전화위복이 된 책 출판의 계기는 있었다. 2012년 봄, 낙선재 보물지정 소식을 듣고 오랫동안 잊고 있었던 나의 논문을 떠올렸다. 기초적인 수준인 나의 논문을 발판으로 그동안 어떤 연구가 진행되었을지 궁금하여 관련 검색을 하다 한 논문을 알게 되었다. 그리고 며칠이 더디게 흘렀다. 내 논문을 찾고 낙선재 일곽이 여전히 연구 과제가 많은 보물창고 같은 건축이라고 알리고 싶었다. 많은 분들의 도움으로 알게 된 다양한 내용을 공유하여 낙선재 일곽을 함께 좋아하고 함께 아끼고 싶었다. 아직까지 낙선재 일곽만을 다룬 보고서나 자료집, 단행본이 없다는 사실은 이런 나에게 출판을 결심하게 하였다.

　빛바랜 논문을 책으로 엮으면서 낙선재 일곽의 가치를 바르고 쉽게 보여주기 위해 논문에서 간과하였던 내용과 그동안 밝혀진 사실을 첨가하였고, 건축 이해에 도움이 되는 도면과 사진 등의 그림 자료 보충에 신경을 썼다. 낙선재 일곽이라는 건축을 책 속에서 온전히 다 보여줄 수는 없지만 건축의 안내서 역할은 할 수 있게 최선을 다하였다. 낙선재 일곽을 알고 싶어 하는 사람들에게, 앞으로의 연구와 건축 보존에 조금이나마 도움이 될 수 있기를 바란다.

이 기회에, 많은 정보와 지식을 나눠주신 국가기록원 강현민 주무관님, 현창종합건축 박창열 소장님, 국립고궁박물관 서준 선생님, 안동대 안정 선생님, 문화재청 이만희 사무관님, 명지대 홍순민 교수님께 다시 한번 감사드린다. 창덕궁에서 만난 소중한 인연인 이송이 선생님과 장용우 선생님께도 감사드린다. 그리고 무엇보다 이렇게 멋진 건축이 탄생할 수 있게 한 장본인, 예술적 감각이 뛰어난 헌종께 존경과 감사의 마음을 전한다.

2013. 9. 석복헌 안마당에서

노진하

차 례

머리말 · 006

I. 서론

1. 연구목적 · 020
2. 낙선재 일곽의 변화 · 022
3. 연구범위 · 024
4. 고찰자료 · 032

II. 조영배경

1. 창덕궁 동궁 · 036
   1) 전각들 · 036
   2) 동조와 빈의 거처 · 042

2. 헌종 · 044
   1) 헌종과 경빈김씨 · 044
   2) 새로운 연조공간 · 047

III. 조영시기와 조영목적

1. 낙선재 · 052
2. 석복헌 · 057
3. 수강재 · 061

IV. 건축의 구성요소별 고찰

1. 입지 · 069
   1) 조영된 터 · 069
   2) 동궐 상의 위치 · 071
   3) 지형 · 071

2. 배치 · 평면 · 073
   1) 장서각장본 『궁궐지』의 기록 · 073
   2) 장서각장본 『궁궐지』와 「동궐도형」 비교 · 077
   3) 「동궐도형」과 배치도 비교 · 080
   4) 장서각장본 『궁궐지』와 배치도 비교 · 083
   5) 「동궐도형」을 통한 배치 분석 · 086
   6) 배치평면도를 통한 평면 분석 · 093

3. 구조체 · 101
   1) 기단 · 초석 · 106
   2) 가구법 · 109
   3) 지붕 · 118

4. 수장 · 120
   1) 창호 · 120
      (1) 창호의 종류
      (2) 창살 무늬

2) 천정 ·150

3) 난간 · 여모판 ·153

4) 화방벽 ·160

5) 지붕 ·162

6) 수강재와 단청 ·167

5. 옥외공간 ·168

1) 문 ·169

(1) 중문

(2) 합문

(3) 편문

2) 담장 ·179

3) 후원 · 화계 ·185

4) 굴뚝 ·189

5) 석물 ·192

(1) 괴석의 석분

(2) 세연지 · 물확

(3) 석상 · 석대 · 나무테 · 노둣돌

6. 편액 · 주련 ·200

1) 편액 ·200

2) 주련 ·208

V. 결론

1. 창덕궁 동궁과의 관계 ·212

2. 조영시기와 목적 ·213

3. 건축특성 ·214

참고문헌 ·218

발간사 ·223

찾아보기 ·228

차 례

표

〈표 1〉 낙선재 · 석복헌 · 수강재의 창   128

〈표 2〉 낙선재 · 석복헌 · 수강재의 문   129

그림

I. 서론

〈그림 1〉 낙선재와 석복헌 연결채 지붕   022

〈그림 2〉 '樂善齋修繕'(낙선재수선)   023

〈그림 3〉 「동궐도형」 상의 낙선재 일곽   025

〈그림 4〉 현 동궐(창덕궁 · 창경궁)과 낙선재 일곽   026

〈그림 5〉 연구범위   027

〈그림 6〉 한정당   028

〈그림 7〉 낙선재 신관과 창덕궁 희정당   028

〈그림 8〉 낙선재 신관   029

〈그림 9〉 인평대군방전도   031

II. 조영배경

〈그림 10〉 저승전 중심의 창덕궁 동궁   038

〈그림 11〉 중희당 중심의 창덕궁 동궁   039

IV. 건축의 구성요소별 고찰

1. 입지

〈그림 12〉 낙선재 일곽이 조영된 터   070

2. 배치 · 평면

〈그림 13〉 『궁궐지』와 비교한 「동궐도형」   078

〈그림 14〉 배치도와 비교한 「동궐도형」   081

〈그림 15〉 낙선재 일곽 배치도   084

〈그림 16〉 낙선재 일곽의 좌향과 진입동선   086

〈그림 17〉 소주합루 옆 낙선재 영역   087

〈그림 18〉 낙선재 일곽 앞마당   088

〈그림 19〉 영춘헌 · 집복헌 배치   089

〈그림 20〉 함화당 · 집경당 배치   090

〈그림 21〉 낙선재와 함화당   091

〈그림 22〉 낙선재 일곽 배치평면도   094

〈그림 23〉 낙선재 일곽 종 · 횡단면도   095

〈그림 24〉 낙선재 동온실과 석복헌 서온실   097

〈그림 25〉 석복헌 남행랑의 퇴선간   098

〈그림 26〉 수강재 누 아래   099

3. 구조체

〈그림 27〉 낙선재 입 · 단면도   102

〈그림 28〉 석복헌 입 · 단면도   103

〈그림 29〉 수강재 입 · 단면도   104

〈그림 30〉 평원루   105

〈그림 31〉 취운정   105

〈그림 32〉 낙선재 서행랑   107

〈그림 33〉 낙선재 마루 밑 통풍구   109

〈그림 34〉 상량문   111

〈그림 35〉 낙선재의 익공포작   112

〈그림 36〉 평원루의 포벽 문양   113

〈그림 37〉 수강재 누의 보아지   114

〈그림 38〉 낙선재의 파련대공   115

〈그림 39〉 청의 우물반자   116

〈그림 40〉 낙선재 서측면   118

4. 수장

1) 창호

〈그림 41〉 맹장지 배면 종이   122

〈그림 42〉 낙선재 동온실   124

〈그림 43〉 낙선재 일곽 창호의 기호   125

〈그림 44〉 낙선재 일곽의 창호   130

〈그림 45〉 낙선재 동온실 앞퇴의 창(3)   139

〈그림 46〉 낙선재 동온실 앞퇴의 문(c)   139

〈그림 47〉 낙선재 동온실 사이의 문   140

〈그림 48〉 낙선재 대청 미닫이문(a · b)   141

〈그림 49〉 낙선재 동온실문(f)   142

〈그림 50〉 낙선재 대청 창(12 · 13)   143

〈그림 51〉 낙선재 누의 문(h)   144

〈그림 52〉 낙선재 누 문(h)의 괴자룡 장식   144

〈그림 53〉 낙선재 방의 영창(2 · 7 · 8 · 9 · 10 · 11 · 14 · 15)   145

〈그림 54〉 창경틀이 있는 영창   145

〈그림 55〉 낙선재 남행랑 청의 문   146

〈그림 56〉 평원루 문   146

〈그림 57〉 낙선재와 평원루 창호의 문양   147

〈그림 58〉 석복헌 서온실 문(u)   149

〈그림 59〉 석복헌 동온실 영창(21)   149

〈그림 60〉 현존하지 않는 창호들   150

2) 천정
〈그림 61〉 평원루 천정   152

3) 난간 · 여모판
〈그림 62〉 낙선재 난간   154
〈그림 63〉 낙선재 서행랑 난간과 취운정 난간   155
〈그림 64〉 석복헌 난간 · 여모판   156
〈그림 65〉 창덕궁 관람정 · 태극정 난간   156
〈그림 66〉 평원루의 교란   157
〈그림 67〉 창덕궁 부용정 교란   157
〈그림 68〉 평원루의 계자난간 · 여모판   158
〈그림 69〉 난간의 문양   158
〈그림 70〉 낙선재 누 아래의 여모판   159
〈그림 71〉 낙선재 누 정면   159
〈그림 72〉 낙선재 서쪽 툇마루와 석복헌 툇마루의 여모판   160

4) 화방벽
〈그림 73〉 낙선재 일곽 행랑의 화방벽   160
〈그림 74〉 낙선재 누 아래의 화방벽   161

5) 지붕
〈그림 75〉 평원루 절병통   162
〈그림 76〉 낙선재 사래끝 장식물   162
〈그림 77〉 낙선재 용두   163
〈그림 78〉 낙선재 일곽의 기와   164
〈그림 79〉 낙선재 일곽의 합각   166

5. 옥외공간
1) 문

〈그림 80〉 낙선재 일곽 문의 기호   169
〈그림 81〉 장락문   170
〈그림 82〉 장락문(A) 입면도   171
〈그림 83〉 낙선재 일곽의 합문 입면도   173
〈그림 84〉 낙선재 마당의 합문(1)   174
〈그림 85〉 합문   175
〈그림 86〉 합문의 문양과 용지판   176
〈그림 87〉 낙선재 북쪽 툇마루의 편문(vi · vii)   179

2) 담장

〈그림 88〉 낙선재 마당의 귀갑문 담장   181
〈그림 89〉 낙선재 일곽의 꽃담   182

3) 후원 · 화계

〈그림 90〉 평원루에서 조망   186
〈그림 91〉 낙선재 후원 화계   188

4) 굴뚝

〈그림 92〉 낙선재 동온실에서 후원 조망   190
〈그림 93〉 낙선재 후원의 굴뚝   191
〈그림 94〉 낙선재 후원 굴뚝의 '壽'(수)자   191

5) 석물

〈그림 95〉 낙선재 일곽의 석분   194

〈그림 96〉 석분에 새겨진 문양   195

〈그림 97〉 석분③의 괴석에 새겨진 글귀   196

〈그림 98〉 세연지와 물확   198

〈그림 99〉 세연지 다리의 연전 문양   198

〈그림 100〉 세연지에 새겨진 글귀   198

〈그림 101〉 석상 · 석대 · 나무테 · 노둣돌   199

〈그림 102〉 취운정 앞마당의 나무테   200

6. 편액 · 주련

〈그림 103〉 낙선재 일곽의 편액   202

〈그림 104〉 향천연지   203

〈그림 105〉 낙선재 대청에 걸렸던 편액   204

〈그림 106〉 학인당의 편액   204

〈그림 107〉 '낙선재 상량문 현판'   207

〈그림 108〉 낙선재 내벽 주련   209

낙선재 일곽의 조영배경과 건축특성

I

서 론

I
서 론

1. 연구목적

이 책은, 궁궐 내의 주거건축인 연조(燕朝)공간으로서 왕과 왕비의 정당(正堂)이 아닌 소규모 침전(寢殿)을 대표하는 낙선재(樂善齋)·석복헌(錫福軒)·수강재(壽康齋)와 그 일곽(一廓)의 조영배경, 조영시기, 조영목적을 규명하고 조영 당시의 건축특성을 고찰하는 것을 목적으로 한다.

낙선재 일곽이란 세 개의 건축영역, 즉 낙선재를 중심으로 하는 '낙선재 영역'과 석복헌을 중심으로 하는 '석복헌 영역', 수강재를 중심으로 하는 '수강재 영역'을 총괄하여 부른 명칭이다. 왕의 처소인 낙선재를 대표건물로 보아 세 영역을 함께 '낙선재 일곽'이라 하였다. 낙선재 일곽은 현재 창덕궁(昌德宮) 경내에 있다.

궁궐은 크게 5가지 공간으로 구분할 수 있다.[01] 임금이 정치하는 공간인 '치조(治朝)', 관청이 배치되는 '외조(外朝)', 왕세자의 공간인 '동궁(東宮)', 왕과 가족들의 주거지인 '연조(燕朝)', 조경공간인 '원유(苑囿)'가 그것이다. 이 중 치조공간의 건물들이 축과 정면성을 중시한 형식미를 지니는 데 반해 연조공간의 건물들은 일상생활을 위해 조영되었기 때문에 보다 자유롭고 다양한 특성들을 보인다. 조선시대에 조영되어 현존하는 연조공간의 건축으로는 경복궁(景福宮)의 자경전(慈慶殿) 일곽, 함화당·집경당(咸和堂·緝敬堂), 재수각(齋壽閣)과 창덕궁의 대조전(大造殿) 일곽[경복궁 교태전(交泰殿)으로 복원], 낙선재 일곽, 창경궁(昌慶宮)의 경춘전(景春殿), 환경전(歡慶殿), 통명전(通明殿), 양화당(養和堂), 영춘헌·집복헌(迎春軒·集福軒) 등이 있다. 이 중 낙선재 일곽은 조영 후 계속해서 왕족이 생활하였기 때문에 다른 건물들과는 달리 현존 상태가 우수하고 배치에서부터 수장(修粧)에 이르기까지 변화가 풍부한 건축이다.

한국 건축사를 개관할 때, 건물의 실용성과 가구의 견실에 주력을 두어 간결하며 정돈된 미를 나타내고 있는 것을 조선 초기의 건축특성이라고 할 수 있다.[02] 그러던 것이 조선 후기에 이르면 건축 외형상의 변화를 추구하는 경향이 강해져서[03] 조형예술로서 건축양식을 세련시키기에 이른다. 낙선재 일곽은 당대의 문화와 기술을 대표하는 궁궐건축 중에서도 생활문화의 결정체인 주거건축으로서 이러한 조선 후기의 건축특성을 잘 반영한다.

---

01) 주제(周制)의 삼문삼조(三門三朝)에 의거하여 장경호는 '외조', '치조', '연조'를 궁궐의 주요 요소라 하였고(『한국의 전통건축』, 문예출판사, 1992, p.283 참조), 장순용은 궁궐을 '외조', '치조', '연조', '원유'로 구분하였는데(『창덕궁』, 대원사, 1990, p.21 참조) 필자는 여기에 '동궁'을 더하여 5가지로 구분하였다.

02) 김원룡·안휘준, 『한국미술사』, 서울대학교출판부, 1993, p.345.

03) 윤장섭, 『한국건축사』, 동명사, 1992, p.206.

2. 낙선재 일곽의 변화

낙선재 일곽은 헌종(憲宗. 1827~1849)연간 조영되어 헌종 승하 후에도 왕실의 침전으로 사용되었다. 1917년 내전(內殿)이 소실되자 대조전이 영건될 동안 순종(純宗. 1874~1926)과 순정효황후(純貞孝皇后. 1894~1966) 윤비의 침전으로 사용되었고,[04] 순종 승하 후 윤비가 이곳에서 기거하다 승하하였다.[05] 덕혜옹주(德惠翁主. 1912~1989)가 1962년 일본에서 환국하여 이곳에서 생활하다 운명하였으며[06] 1963년 환국한 영친왕(英親王) 이은(李垠. 1897~1970)도 이곳에서 생애를 마쳤고 영친왕비 이방자(李方子. 1901~1989) 여사도 이곳에서 운명하였다.[07]

〈그림 1〉 낙선재와 석복헌 연결채 지붕
(바탕사진출처:「조선고적도보」제10권, p.1,421)

낙선재 일곽은 조영 후 세 번 정도 변형되었다. 1907년경의 사료인 『궁궐지』·「동궐도형」 상에 있는 낙선재와 석복헌의 연결채는 조영 당시의 것이 아닌데[08] 『조선고적도보』의 사진에서 확인할 수 있는 것으로 보아 사진을 촬영한 1902년 전에 덧달아 낸 것임을 알 수 있다. 조영 후 50여 년 사이의 변형으로 이용의 편리를 위해 낙선재와 석복헌을

---

04) 김용숙, 『조선조 궁중풍속 연구』, 일지사, 1987, pp.167~168.
05) 문화공보부 문화재연구소, 『문화유적총람』上권, 문화재관리국, 1977, p.31.
06) 김영상, 〈서울육백년: 낙선재 ②〉, 『한국일보』, 한국일보사, 1994.3.14, 16면.
07) 김영상, 〈서울육백년: 낙선재 ①〉, 『한국일보』, 1994.3.11, 16면.
08) Ⅳ-2절의 「동궐도형」과 배치도 비교'항에서 고찰.

〈그림 2〉 '樂善齋修繕'(낙선재수선) (신관, 출처:『동아일보』, 1928.11.4. 2면)

이었던 것으로 보인다.

1917년 창덕궁 대조전 화재로 낙선재가 순종의 임시 어전(御殿)이 되었을 때 연경당(演慶堂)에 머무는 며칠 동안 밤낮으로 낙선재 일곽을 수리하였다.[09] 이때 많은 부분이 생활에 맞게 개조, 변형되었다고 추정하는데 이후에도 왕실의 주거로 사용되었기 때문에 건물의 신축과 보수가 불가피하게 된다.

10여 년이 지나 낙선재 일곽은 가장 크게 변화한다. 윤비가 기거하기에 좁아 1928년부터 29년까지 대대적으로 신축·보수하면서 낙선재 서행랑을 모두 철거하고 현대식 신관(新館)을 짓기에 이른 것이다.[10] 한정당(閒靜堂) 보수 공사 때 반자 속에서 발견된 낙선재 일곽 청사진[11]이 이때의 도면으로

09) 곤도 시로스케, 『대한제국 황실 비사―창덕궁에서 15년간 순종황제의 측근으로 일한 어느 일본 관리의 회고록』, 역자: 이언숙, 이마고, 2007, p.241.
10) 〈樂善齋修繕〉, 『동아일보』, 동아일보사, 1928.11.4. 2면; 〈樂善齋改築〉, 『동아일보』, 1929.3.1, 2면.
11) 문화재청 창덕궁관리소, 『창덕궁 승화루 및 일곽 실측·수리 보고서』, 문화재청, 2005, p.40.

보인다.

신축·변형된 부분과 현대식으로 개조된 부분들은 1992년부터 96년까지의 복원공사로 옛 모습을 찾았고 낙선재 후원의 평원루(平遠樓)는 2003년에, 수강재 후원의 취운정(翠雲亭)은 2005년 승화루(소주합루)·한정당 등과 함께 해체·보수공사를 거쳤다. 이후 지금까지의 보수공사로는 조경정비와 기와보수, 행랑·합문·편문·담장보수[12]와 2013년 4월부터 7월까지 행해진 취운정의 해체·보수 등이 있다. 낙선재 일곽 복원공사 후 보고서나 자료집은 만들어지지 않았고, 당시의 실측·복원 도면들과 사진 등의 자료는 현재 국가기록원 대전 본원과 성남 나라기록관에 보관 중이다.[13]

3. 연구범위

이 책의 연구범위는 조영 당시의 낙선재 일곽으로 한정하였다. 조영 당시의 건축이 시간이 흐르면서, 또 여러 사람의 손을 거치면서 원래의 상태에 구성요소가 첨가·제거되거나 다른 유사한 요소로 바뀌어 형태, 구조, 기능이 질적·양적으로 변화한다.[14] 낙선재 일곽 역시 오랜 기간 동안 처음과는 다른 목적으로 사용되었으므로 조영목적이 함축되어 있는 건축특성을 파악하기 위해서는 조영 당시의 건축내용을 고찰할 필요가 있다. 따라서 헌종연간 창경궁 연조공간으로 사용된 낙선재 일곽을 연구대상으로 한

---

12) 문화재청 궁능문화재과 김영찬 주무관 제공 자료.
13) 국가기록원 자료들은 나라기록관 강현민 주무관의 도움으로 찾을 수 있었고 열람할 수 있었다.
14) 유병림·황기원·박종화, 「조선조 정원의 원형에 관한 연구」, 서울대학교환경대학원 부설 환경계획연구소, 1989, p.8.

낙선재 일곽

〈그림 3〉「동궐도형」상의 낙선재 일곽

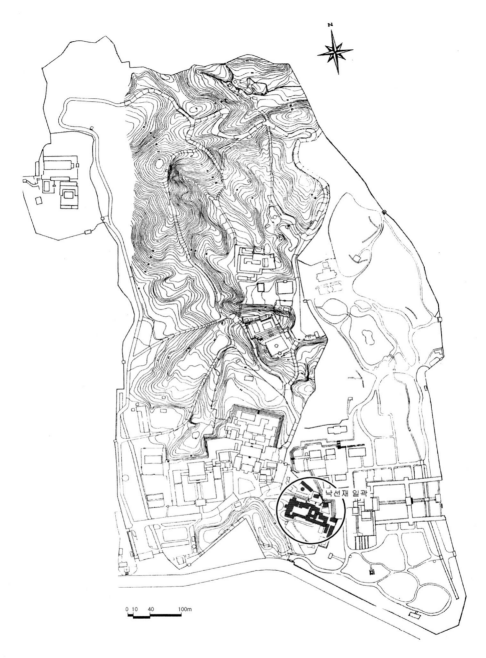

낙선재 일곽

〈그림 4〉 현 동궐(창덕궁 · 창경궁)과 낙선재 일곽
(장순용의 『창덕궁』과 문영빈의 『창경궁』에 각각 실린 배치도를 필자가 합성)

〈그림 5〉 연구범위 (낙선재 일곽 배치도에 표시, 바탕도면출처:삼풍종합건축)

다. 조영 당시의 건물이 아닌 석복헌 후원의 한정당과 낙선재 서행랑 자리

에 있었던 신관은 이 책에선 다루지 않지만 앞으로의 연구를 바라는 마음

에 소개한다.

1917년 이후 세워졌다고 하는 한정당에는 주옥같은 주련(柱聯)이 많

이 걸려 있으며 2005년 보수공사 때 천정[15] 속에서 창경궁 관련 도면들

이 발견되기도 하였다. '閑靜堂(한정당)'은 영조 때 서예가인 송문흠(宋文欽.

15) 이 책에서는 표준어인 '천장'과 그렇지 않은 '천정'을 모두 사용하였다. 한 단어로는 기술하기 어려
운 부분이 있어서였다. 천장(天障)이란 지붕의 반대 면이고 천정(天井)이란 그 아래 반자를 꾸민
것이다.

전경 　　　　　　　　　　　　　　　 내벽 주련

〈그림 6〉 한정당

낙선재 신관 (출처:국가기록원) 　　　　　　　　　 희정당

〈그림 7〉 낙선재 신관과 창덕궁 희정당

1710~1752)의 호이기도 한데 건축과의 연관성은 밝혀진 것이 없다. 이 건물이 언제, 어떤 이유로 영건되었고 거기에 담긴 건축내용은 무엇인지 체계적인 연구가 이루어지길 바란다.

　낙선재 신관은 1928년에 지어진 궁궐건축이다. 당시 3만 원(현재가치 30억 원 정도)[16]의 예산으로 지어진[17] 실용과 미가 조화된 품격 있는 건축이었다. 승용차의 진입을 고려한 현관부는 1920년에 조영된 희정당(熙政堂)과도 흡사했다. 생활의 편리를 위해 새롭게 지어졌으나 기존 건축들과의 조화에

---

16) 1930년대의 1원은 1만 원 정도로 추산되지만 돈의 가치는 훨씬 높아서(칸차이런, 『황금 로드맵』, 역자: 심정수, 반디, 2006, p.183) 실제로는 10만 원 정도로 환산되고 있다(전봉관, 〈미두왕(米豆王) 반복창의 인생유전〉, 『신동아』, 동아일보사, 2007.1, p.581; 김이택, 〈삼청장 친일파〉, 『한겨레』, 한겨레신문사, 2012.5.15, 34면 참조).

17) 〈樂善齋修繕〉, 『동아일보』, 1928.11.4, 2면.

현관정면

익공상세 　　　　　　　　　 꽃담 　　　　　　　　　 꽃담

〈그림 8〉 낙선재 신관 (출처:국가기록원)

도 힘썼다. 아름다운 꽃담과 창호, 박공 등은 낙선재 일곽의 현존하는 것들
만큼이나 섬세하고 정교하였다. 복원공사 때 헐려 건물은 남아 있지 않지
만 사진과 도면 등의 자료로나마 연구가 가능하길 바란다.

헌종연간 이전에도 '낙선'이란 이름의 건물들이 있었는데 창덕궁 동궁의
전각인 '낙선당(樂善堂)'과 용흥궁(龍興宮)의 전각인 '낙선재(樂善齋)'가 그것

이다. 후자의 경우 이 책의 연구대상과 혼동될 우려가 있으므로 간단히 살펴보고자 한다.

용흥궁은 효종(孝宗, 1619~1659)의 잠저(潛邸)로 그곳의 동명(洞名)인 어의동(지금의 종로구 효제동)에서 유래하여 어의동본궁(於義洞本宮)으로도 불렸고 인조(仁祖, 1595~1649)의 잠저였던 상어의궁(上於義宮)과 구별하기 위해 하어의궁(下於義宮)이라고도 불렸다.[18] 왕실 가례(嘉禮) 때 별궁으로 많이 사용되었던 이 궁에는 낙선재와 조양루(朝陽樓)가 있었는데[19] 정조(正祖)의 '낙선재반송(樂善齋盤松)'은 바로 이 용흥궁 낙선재의 소나무를 읊은 시로 『홍재전서(弘齋全書)』에 '등조양루(登朝陽樓)'란 시와 함께 수록되어 있다.[20]

효종의 아우 인평대군(1622~1658)은 낙산(駱山) 언덕에 용흥궁과 마주하여 자신의 저택을 짓는데[21] 이 집을 그린 「인평대군방전도(麟坪大君坊全圖)」가 서울대학교 규장각에 소장되어 있다. 궁궐도의 일종으로 그려진 시기는 불분명하다.[22] 이 그림에는 석양루(夕陽樓)·유춘헌(留春軒)이 있는 인평대군의 집과 나란히 용흥궁도 그려져 있다. 동향으로 위치한 용흥궁[23]의 중심 건물인 조양루와 계경헌(啓慶軒), 낙선재 등이 잘 묘사되어 있다. 이상에서

---

18) 서울육백년사—서울특별시 http://seoul600.seoul.go.kr/ /시대사〉한성부시대(Ⅱ)〉제3장 건설〉궁궐 용흥궁.
19) 『가례도감의궤 영조정순왕후(嘉禮都監儀軌英祖貞純王后)』에는 가례를 위해 (어의동)본궁을 수리할 때 낙선재와 조양루를 보수하는 내용이 나온다[한국고전번역원 http://www.itkc.or.kr/ /한국고전종합DB〉고전번역총서〉가례도감의궤 영조정순왕후〉수리소의궤 수본질(手本秩)].
20) 한국고전번역원 http://www.itkc.or.kr/ /한국고전종합DB〉고전번역총서〉10페이지〉홍재전서〉제1권 춘저록(春邸錄).
21) 조규희, 「조선시대 별서도(別墅圖) 연구」, 서울대학교대학원 고고미술사학과 박사학위 논문, 2006, p.79.
22) 안휘준, 「규장각소장 회화의 내용과 성격」, 『한국문화』제10호, 서울대학교 한국문화연구소, 1989.12, pp.348~349.
23) 이순자, 「조선왕실 궁터의 입지분석」, 『주택도시연구』제92호, 한국토지주택공사, 2007.3, p.27.

살펴본 낙선재는 이 책의 연구대상과 이름이 같은 다른 건축이다. 이 책에서는 헌종연간 창경궁 연조공간의 전각으로 지어진 낙선재와 그 일곽을 고찰한다.

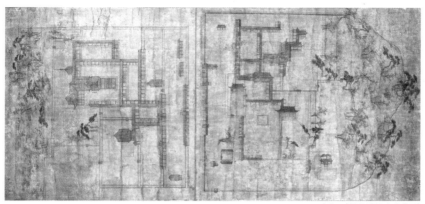

전체도 (왼쪽영역이 용흥궁)

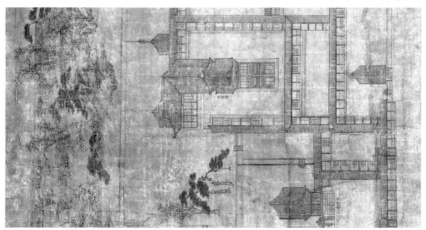

용흥궁 부분도

〈그림 9〉 인평대군방전도 (출처:서울대 규장각)

4. 고찰자료

조영 당시 낙선재 일곽의 건축내용을 파악할 수 있는 자료는 『궁궐지(宮闕志)』, 「동궐도형(東闕圖形)」, 「동궐도(東闕圖)」, 헌종문집인 『원헌고(元軒稿)』[24]에 실린 상량문(上樑文)과 현존 건물에서 발견된 상량문,[25] 상량문 현판, 『소치실록(小癡實錄)』, 『한국의 건축과 예술』 등이다.

조선시대 궁궐에 대한 기록인 『궁궐지』 중에서 숙종(肅宗, 1661~1720) 때 편찬되어 헌종연간(1834~1849) 증보·수정된 규장각장본 『궁궐지』(서울사료총서 제3권)와 1907년경에 편찬된[26] 장서각장본 『궁궐지』를 참고한다.

「동궐도형」은 동궐 전각들의 칸[間]을 나누고 실별로 기능을 적어놓은 일종의 도면으로서 1907년경에 제작한 것으로 추정되고 있다.[27] 낙선재 일곽의 건물명, 칸수[間數], 규모, 이웃한 건물과의 관계와 위치를 상관하여 볼 수 있는 기록이 장서각장본 『궁궐지』이고, 배치도가 「동궐도형」이다.

「동궐도」는 제작 당시의 동궐 모습을 그린 조감도로서 순조(純祖)의 왕세자이자 헌종의 아버지인 익종(翼宗, 1809~1830)의 대리청정 기간 중이었던 1828년에서 30년 사이에 제작되었다고 추정한다.[28] 낙선재 일곽이 조영된

---

24) 『원헌고』는 1994년 당시 서울대학교대학원 국사학과에서 박사학위논문을 준비 중에 있던 홍순민 선생의 도움으로 알게 된 책이다.
25) 건물에서 발견된 상량문은 문화재관리국에서 사진촬영하여 전문을 제공하였다(〈그림 34〉 참고).
26) 김동욱, 「고종 2년의 연경당 수리에 대해서」, 『건축역사연구』제13권, 한국건축역사학회, 2004.3, p.58.
27) 김동욱, 앞의 논문, p.59.
28) 「동궐도」의 제작시기를 1991년 문화재관리국에서 발행한 『동궐도』(p.46 참조)에서는 창경궁의 환경전(歡慶殿), 경춘전(景春殿), 양화당(養和堂), 함인정(涵仁亭) 등이 모두 그려져 있기 때문에 이들이 화재를 당했던 1830년 8월 1일 이전이라고 하였다. 이강근은 〈가장 한국적인 궁, 창덕궁〉(『건축과 환경』, 월간 건축과 환경사, 1994.9, p.128 참조)에서 보루각(報漏閣)이 「동궐도」에 터만 그려져 있기 때문에 보루각이 장마로 무너진 1828년 여름 이후에 제작되었다고 보았다. 따라서 「동궐도」의 제작시기는 순조 28년(1828)과 순조 30년 사이가 된다. 이때는 왕세자인 익종이 대리청정을 하던 시기이므로 「동궐도」가 익종의 대리청정 기간(1827~1830) 중에 제작되었다고 추정한다.

터와 주변 상황 등을 볼 수 있는 자료이다.

상량문은 새로 짓거나 고친 집의 내력, 공역일시 등을 적은 글인데 문학적인 것들도 많아 지은이의 시문집에 실리기도 했다. 낙선재·석복헌·수강재의 상량문도 많은 은유와 비유를 담아 시적으로 지은 글로서 그 속에 건축주인 헌종의 조영의도가 담겨 있다. 헌종의 문집인 『원헌고』에는 '낙선재 상량문'과 '수강재 중수(重修) 상량문'이 있다.[29] 이 중 '낙선재 상량문'은 현판으로도 제작되었다. '석복헌 상량문'과 '수강재 중수 상량문'은 낙선재 일곽의 복원공사를 시작한 1992년에 석복헌과 수강재의 마룻대(상량대)에서 각각 발견되었다.[30] '수강재 중수 상량문'은 『원헌고』에 수록된 것과 앞부분만 약간 다르고, 기본적으로 그 내용은 같다. 『원헌고』에 실린 상량문들에는 상량한 연도만 기입되어 있지만, 건물에서 발견된 것에는 연월일이 모두 기입되어 있어 정확한 상량일을 알 수 있다. 상량문을 통해 낙선재 일곽의 조영시기와 목적 등을 고찰한다.

『소치실록』은 조선 말기 선비화가 소치 허유(小癡 許維. 1809~1892)의 문집이다. 일종의 자서전으로 고종(高宗) 4년(1867)에 쓴 「몽연록(夢緣錄)」과 고종 16년에 쓴 「속연록(續緣錄)」으로 꾸며져 있다. 이 책에는 허유가 헌종을 만나기 위하여 낙선재로 찾아간 대목이 기술되어 있는데, 그 내용을 통하여 낙선재의 당시 모습을 어느 정도 파악할 수 있다.

『한국의 건축과 예술』은 원래 「조선건축조사보고」로 발표된 보고서로서, 일본인 세키노 타다시(關野貞)가 1902년 7월 5일부터 9월 4일까지 우

---

29) 헌종이 쓴 '낙선재 상량문'과 '수강재 중수 상량문'은 역대 왕들의 시문집인 『열성어제(列聖御製)』 제100권에도 실려 있다.
30) 낙선재는 해체하여 복원한 것이 아니기 때문에 상량문을 꺼내지 않았다고 한다(복원공사 당시 문화재관리국 궁원관리과 이만희 기사와의 대담).

리나라 건축을 조사하여 1904년 제출한 것이다. 여기에 실린 낙선재 일곽의 사진들은 1930년 조선총독부에서 발행한 『조선고적도보』제10권(pp.1,421~1,424)의 사진들과 같다. 1902년 촬영한 이 사진들은 필자가 참고한 가장 오래된 사진 자료이다.

해석의 임의성을 최소화하기 위하여 현재 창덕궁 경내의 낙선재 일곽을 기준으로 하되 이상의 자료들로 현존하는 건물들의 한계성을 보완하여 건축고찰에 임하려 한다.

II

조영배경

II
조영배경

1. 창덕궁 동궁

1) 전각들

낙선재 일곽은 창덕궁 인정전(仁政殿)의 동쪽 전각인 중희당(重熙堂) 동쪽
에 위치한다. 낙선재 일곽이 조영되기 전 중희당을 포함한 건양문(建陽門)
과 집영문(集英門) 사이의 이 일대는 성종(成宗) 18년(1487)에 창건된 창덕궁
동궁이었다.[31]

―――――――
31) 『성종실록』16년 2월 4일[丙辰] 기사: "임금이 건양문 밖에 나아가 동궁의 터를 살펴보았다", 『정조
실록』8년 8월 5일[戊子] 기사: "임금이 하교하기를, '구례에는 동궁의 합문(閤門)은, 창경궁의 경
우는 집영문이고……'" 등으로 창덕궁 동궁의 위치를 짐작할 수 있고, 『성종실록』16년 2월 3일[乙
卯], 2월 16일[戊辰], 7월 4일[壬子], 17년 6월 20일[癸巳], 18년 7월 4일[辛丑][춘궁도감(春宮都監)
에서 공사가 끝난 것을 아룀], 7월 5일[壬寅] 기사 등에 창덕궁 동궁 조영 관련 내용이 나온다.

동궁이란 왕세자[東宮]가 거처하는 곳을 말하며 태자궁 또는 세자궁이라고도 한다.[32] 조선 초기엔 궁궐 밖에 따로 있었으나 왕세자의 교육과 임금에 대한 삼조정성(三朝定省)[33]의 예(禮)를 위해 궐내에 조영하게 된다.[34] 동궁은 차기 임금의 공간으로 국가에서 중히 여겼기 때문에[35] 궐내에 위치하지만 독립성을 지니고 있었다. 병환 중인 인종(仁宗)이 창덕궁 동궁에 머물고 있을 때 대신들은 "……고요한 창덕궁에 이어하여 심기를 편안하게 하시고……"라고 청하였고 인종은 "……동궁은 내가 전부터 있던 곳이므로 마음이 편안한데 어찌 창덕궁과 다를 것이 있겠는가……"라고 답하였는데[36] 여기서 창덕궁 동궁을 창덕궁과는 별개의 궁으로 보고 있음을 알 수 있다. 경복궁 동궁이 경복궁과 함께 재건되었을 때 명종(明宗)은 "동궁과 경복궁이 11년 사이에 모두 불타 재가 되어 버리고…… 1년이 못 되어 두 궁을 지었으니……"[37]라고 하였는데 여기서도 경복궁 동궁을 경복궁과 별개의 궁으로 보았다. 인종 승하 후 혼전(魂殿)을 정하는 일에서 간원이 "저승전(儲承殿)은 동궁이 평소 거처하는 처소로 정전(正殿)도 아닌데……"라고 저승전이 합당하지 않음을 말하니 명종은 "저승전도 역시 정전이다.……"라고 답하여[38] 동궁의 저승전이 왕의 정전과도 같은 위상을 지녔음을 보여주었다. 결국 동궁이란 임금의 거처와는 구분되는 독립적인 영역으로 그 중요성이 큰, 궁 안의 또 하나의 궁이었다.

창덕궁 동궁의 전각들을 『한중록』과 『궁궐지』, 「동궐도」 등의 사료들로 살

---

32) 한국정신문화연구원, 『한국민족문화대백과사전』제23권, 웅진출판주식회사, 1991, pp.74~75.
33) 하루에 세 번을 찾아뵙고, 아침저녁으로 안부를 물어서 살핌.
34) 대전(大殿) 가까이 동궁을 짓자는 세자우빈객(世子右賓客) 이내(李來)와 사헌부의 건의가 있었다 (『태종실록』 12년 12월 5일[丙辰], 13년 4월 4일[壬子] 기사).
35) 『명종실록』 5년 9월 10일[庚子] 기사.
36) 『인종실록』 원년 2월 8일[辛丑] 기사.
37) 『명종실록』 9년 9월 19일[丁巳] 기사.
38) 『명종실록』 즉위년 7월 16일[丙子] 기사.

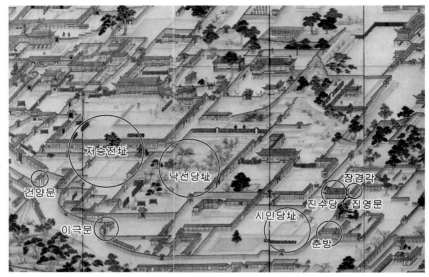

〈그림 10〉 저승전 중심의 창덕궁 동궁 (장헌세자 당시 추정도, 「동궐도」에 표기)

펴보면, 장헌세자(莊獻世子, 1735~1762) 당시 저승전을 중심으로 낙선당(樂善堂)과 덕성합(德成閣), 시민당(時敏堂), 춘계방(春桂坊), 진수당(進修堂), 장경각(藏經閣) 등이 있었음을 알 수 있다.[39] 저승전은 건양문 밖에, 낙선당은

---

39) 창덕궁 동궁의 전각들은, 『한중록』(제2권)[장서각장본, pp.8~9(마이크로필름의 쪽수)]: "영묘(인용자 주: 영조)께서…… 원량(인용자 주: 장헌세자)을 얻자…… 저승전이라 하는 큰 전각으로 옮기시게 하니 저승전인즉 본디 동궁이 들으시는 전이오, 그 곁에 강연하실 낙선당과 소대하실 덕성합과 동궁이 수하 받으시고 회강하시는 시민당이 있고 그 문 밖에 춘계방이 있으니 장성하시면 동궁에 달린 집인고로 어른 같이 저승전 주인이 되게 하신 성의인지라", 『영조실록』 32년 5월 1일[戊辰] 기사: "……낙선당은 곧 왕세자가 있는 정당(正堂)이었다", 『궁궐지』(서울사료총서 제3권, p.86): "時敏堂…… 卽世子胥筵之正堂也", "進修堂…… 英宗四年戊申十一月 眞宗大王昇遐于此"(진종대왕은 당시 왕세자인 효장세자임) 등의 기록으로 알 수 있다.
이전 저승전이 있었던 때는 『궁궐지』(서울사료총서 제3권, p.87): "儲承殿在建陽門外…… 成宗十七年丙午改稱春宮"으로, 시민당과 진수당, 장경각이 있었던 때는 『인조실록』 26년 3월 28일[戒亥] 기사: "……시민당과 진수당, 장경각 등처는…… 새 흙을 다시 바르게 하소서" 등으로 알 수 있다. 특히 저승전은 성종 17년, 즉 동궁 창건 당시부터 있었던 전각이다.
『한중록』의 인용부분은 「조선시대 궁궐건축의 공간이용에 관한 연구」(김정희, 고려대학교대학원 건축공학과 석사학위논문, 1983, pp.207~208)에서 먼저 인용한 것이다.]

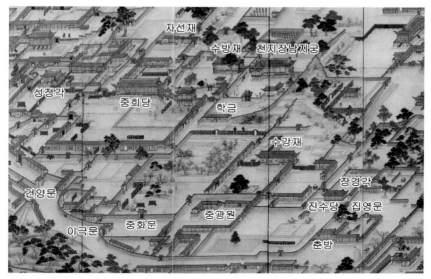

〈그림 11〉 중희당 중심의 창덕궁 동궁 (익종의 대리청정 당시, 「동궐도」 일부)

저승전 동쪽에, 시민당은 수강재 동쪽 · 저승전 남쪽에, 진수당은 시민당 북쪽에, 장경각은 진수당 동쪽에 위치하였다.[40] 영조(英祖) 32년(1756) 낙선당이, 영조 40년 저승전과 이극문(貳極門)이 함께 소실되었다. 정조(正祖) 4년(1780)에는 시민당이 소실되었고 정조 8년에 이극문이 중수되었다.[41] 창덕궁동궁 내의 대문 중의 하나인 이극문은 건양문 동남쪽에 위치하였는데 '이(貳)'란 버금을 뜻하고 '극(極)'이란 임금의 자리를 뜻한다. 그러므로 '이극'이란 임금에 버금가는 자리, 즉 왕세자를 말하며 이 문은 왕세자가 사용하는문이었다. 하지만 동궁지에 낙선재 일곽이 조영된 후엔 헌종이 사용하게 된다. 왕세자의 궁에 왕이 기거하면서 '왕세자'라고 쓰인 문을 사용한 것이다.

---

40) 『궁궐지』, 서울사료총서 제3권, pp.86~87.
41) 『영조실록』 32년 5월 1일[戊辰], 40년 12월 18일[乙未], 『정조실록』 4년 7월 13일[己丑], 8년 8월 2일[乙酉] 기사.

저승전이 소실된 후 동궁의 주요 전각들은 정조 6년에 이르기까지 재건되지 않는다.[42] 정조 6년은 문효세자(文孝世子)가 탄생한 해이다. 문효세자의 탄생은 정조가 왕위에 오른 지 6년 만의 경사였고, 또한 동궁의 주요 전각들이 없었던 때라 이를 계기로 동궁의 당으로서 중희당을 영건한[43] 것으로 추정한다. '중희(重熙)'란 '중광(重光)'과 같은 뜻으로 '임금에 버금가는 빛', 즉 왕세자를 지칭하는 말이다. 문효세자가 세 살이 되던 해인 정조 8년 왕세자의 책봉식을 중희당에서 했고[44] 효명세자(孝明世子) 익종은 대리청정 기간 동안 중희당에서 정무를 보았다.[45] 중희당은 대리청정의 정당으로서 동궁의 중심건물이었다. 하지만 헌종연간 헌종의 편전으로 사용된다.

중희당 동쪽에 익종이 별당으로 사용한 수강재(壽康齋)[46]가 있었는데 낙선재 일곽의 전각으로 중수된다. 수강재 창건 상량문에 '金門早朝初放'(금문을 이른 아침에 처음으로 개방하도다)[47]이란 글귀가 있는 것으로 보아 수강재가 동궁의 전각으로 영건되었을 당시 '금문(金門)'이란 문이 있었던 것으로 추정한다. 여기서 '금문'이란 '금마문(金馬門)'이라고도 하는 한(漢)나라 때 궁궐의 문 이름으로 학사(學士)들이 대조(待詔, 임금의 명령을 기다림)하던 곳을 말한다.[48] 후에 이 일대에 낙선재 일곽을 조영하면서 중화문 동쪽으로 '소금마문(小金馬門)'을 영건하였는데 이는 수강재 영역에 원래 있었던 문 이름을 사용한

---

42) 『영조실록』 40년 12월 18일[乙未], 『정조실록』 8년 8월 5일[戊子] 기사에 관련 내용이 나옴.

43) 重凞堂…… 正宗六年壬寅建(『궁궐지』, 서울사료총서 제3권, p.44).

44) 『정조실록』 8년 8월 2일[乙酉] 기사.

45) 『순조실록』 27년 2월 18일[甲子], 7월 24일[丁卯], 28년 6월 20일[戊子], 8월 5일[壬申], 8월 7일[甲戌], 10월 23일[己丑], 12월 12일[丁丑], 29년 1월 1일[丙申], 1월 23일[戊午], 30년 4월 11일[己巳] 기사에 관련 내용이 나옴.

46) 『순조실록』 27년 2월 9일[乙卯] 기사.

47) 한국고전번역원 http://www.itkc.or.kr/ /한국고전종합DB〉고전번역총서〉10페이지〉홍재전서〉제54권 잡저(雜著)1〉수강재상량문.

48) 한국고전번역원 http://www.itkc.or.kr/ /한국고전종합DB〉고전용어시소러스〉금마문 검색.

것이다. 단, 낙선재 일곽이 조영될 당시에는 익종이 공부하던 의두합(倚斗閣)[49] 영역에 '금마문'이 있었으므로 헌종은 아버지가 사용했던 문과 구분하기 위해 '소금마문'이란 이름을 사용하였다고 추정한다.

수강재 남쪽에 있었던 중광원(重光院)은 세손의 강독(講讀)을 감독하는 곳, 중희당 서쪽의 성정각(誠正閣)은 왕세자의 서연(書筵)이 열리는 곳이었다.[50] 수강재 동남쪽에 춘방, 진수당, 장경각과 동궁의 동쪽 문인 집영문이 있었다. 수강재 서쪽 공지에 있는 중화문(重華門)은 왕세자가 사용했던 것으로 낙선재 일곽이 조영될 때 새로이 만들어져 헌종이 사용한다. '중화(거듭 빛난다)'란 요(堯)임금의 왕위를 이은 순(舜)임금을 일컫는 단어로 요임금이 훌륭했는데 순임금 또한 훌륭한 데서 유래된 말이다. 이는 훌륭한 왕의 뒤를 이을 왕세자에게도, 이미 왕위에 올라 있는 임금에게도 합당한 문의 이름이다.

「동궐도」에는 중희당 북동쪽으로 단청을 하지 않은 천지장남지궁(天地長男之宮) 일곽이 있다. 남쪽 행랑에는 왕세자의 궁이란 뜻의 '鶴禁(학금)'이란 글자가 쓰여 있다. 이곳은 익종의 생활공간으로 마당에 두 개의 돌과 학 두 마리가 서로 마주 보고 서 있는데 '학석(鶴石)'이라는 익종의 호가 여기서 유래했다고 한다.[51] 규장각장본 『궁궐지』에는 순조 30년에 소실된 영춘헌(迎春軒)을 순조 33년에 다시 지을 때 장남궁(長男宮)을 헐어 사용했다는 기록[52]이 있는데 여기서의 장남궁이 천지장남지궁 일곽을 지칭하는 것으로 추정한다. 이 일대가 헐린 후 헌종연간 낙선재와 석복헌의 후원이 조영된다.

---

49) 한영우, 『동궐도』, 효형출판, 2007, p.103.
50) 『궁궐지』, 서울사료총서 제3권, p.42, p.86.
51) 한영우, 앞의 책, p.44.
52) 『궁궐지』, 서울사료총서 제3권, p.104.

낙선재 일곽이 조영되기 전 창덕궁 동궁은 대리청정을 했던 왕세자 익종의 공간이었다. 헌종은 동궁의 전각인 낙선당과 수강재의 이름을 그대로 쓰고 동궁에 있었던 문의 이름도 바꾸지 않고, 아버지 익종이 사용하였던 동궁지에 자신의 새로운 연조공간을 구축한다.

2) 동조와 빈의 거처

창덕궁 동궁은 임금과 중전의 거처와는 달리 주인이 없는 경우엔 다른 기능으로 사용되기도 하였다. 동궁을 사용할 왕세자가 없었을 때는 동조(東朝), 즉 대왕대비나 대비가 사용하였다. 인종원년(1545) 병환 중인 인종이 창덕궁 동궁에 머물자 대신들이 다음과 같이 아뢰었다. "동궁 때에 계시던 곳을 위에서 스스로 평안하게 여기시나, 창덕궁으로 이어하시지 않을 수 없습니다. 대비께서 지금 창경궁의 경사전(景思殿)에 나아가 밖에 계시니 이것은 미안한 일입니다. 예로부터 황후는 으레 동궁에 있는 것이므로 동조라 부르는 것이니 이제 대비께서는 불가불 동궁으로 이어하셔야 합니다." 이에 인종이 답하기를 "……내가 이어하도록 하겠다. 내가 이어하면 대비도 동궁에 이어하시게 될 것이다"라고 하였다.[53] 동궁에 이어하게 된 대비 문정왕후(文定王后, 인종의 양모)는 명종 때에도 여러 차례 동궁으로 이어하여 기거하였다.[54] 숙종 9년(1683) 12월 5일에는 숙종의 어머니인 명성왕후(明聖王后)가 동궁의 저승전에서 승하하였다.[55] 『한중록』에서도 장헌세자가 저승전에 거처하기 전 이곳이 대비 선의왕후(宣懿王后)가 오시던 집이라고

---

53) 『인종실록』 원년 2월 22일[乙卯] 기사.
54) 『명종실록』 즉위년 12월 27일[丙辰], 10년 12월 5일[乙未], 12월 12일[壬寅], 12년 5월 22일[甲戌] 및 20년 4월 10일[丙子] 기사에 관련 내용이 나옴.
55) 『숙종실록』 9년 12월 5일[壬寅] 기사.

하였다.[56]

동조가 왕세자의 궁인 동궁을 사용할 수 있었던 것은 창덕궁 동궁이 조영되기 전 이 일대의 기능과 관련이 있다. 창덕궁 동궁에는 이전의 덕수궁(德壽宮)[57]과 수강궁(壽康宮) 터가 포함되었던 것으로 추정한다. 영조 44년(1768) 5월 22일에 영조는 하번(下番) 한림(翰林)에게 건국 초기에 누각을 건립하였던 터를 상고하여 아뢰라고 하면서, "덕수궁은 지금의 시민당이고……"라고 하교하였다.[58] 즉, 태종(太宗) 때 지은 태조(太祖)의 궁인 덕수궁[59] 터에 동궁의 시민당이 건립된 것이다. 또한 태조는 광연정(廣延亭) 아래 별전에서 승하했는데 후에 광연정 터에는 동궁의 저승전이 건립된다.[60] 정조 9년(1785)에는 세자가 강학(講學)할 새집으로[61] 이극문 안에 소재(小齋)를 세우고 수강궁이 있던 터이므로 이름을 수강재라 하였다.[62] 양위한 태종의 소어처였던 수강궁[63]의 일부도 후에 동궁의 영역이 된 것이다. 덕수궁과 수강궁은 양위한 상왕과 대비의 소어처로 조영되었다. 그러므로 이 일대가 동궁으로 바뀐 후에도 때에 따라 동조의 거처로 사용될 수 있었다.

창덕궁 동궁 내에 빈(嬪)의 처소가 영건된 경우도 있었다. 숙종 12년(1686) 9월 5일에 임금이 궁인 장씨(張氏)를 위하여 별당을 짓는다는 소문을 듣고

---

56) 『한중록(樂)』(제2권), p.11(마이크로필름의 쪽수).
57) 여기서 말하는 덕수궁은 현존하는 덕수궁이 아니라 태종연간 태조를 위하여 조영되었던 궁이다. 현존 덕수궁의 원래 이름은 경운궁(慶運宮)이었는데 양위한 고종의 소어처가 되면서 덕수궁으로 바뀐 것이다.
58) 『영조실록』 44년 5월 22일[己酉] 기사.
59) 서울특별시사편찬위원회, 『서울특별시사-고적편』, 동아출판사공무부, 1963, p.270.
60) 『궁궐지』, 서울사료총서 제3권, p.87.
61) 한국고전번역원 http://www.itkc.or.kr/ /한국고전종합DB〉고전번역총서〉10페이지〉홍재전서〉제54권 잡저(雜著)1〉수강재상량문.
62) 『정조실록』 9년 8월 27일[甲辰] 기사.
63) 서울특별시사편찬위원회, 『서울특별시사-고적편』, p.224.

이덕성(李德成) 등은 궁중 안에 집 짓는 일을 모두 중지하라고 아뢰었다.[64] 장희빈(張禧嬪)을 위하여 별당을 지은 것은 사실이어서 숙종실록에 이에 대한 기록이 있다.[65] 이때 영건된 건물이 취선당(就善堂)으로 판단되는데, 취선당은 저승전 서쪽에 있었다고 한다. 취선당은 숙종 14년에 경종대왕(景宗大王)이 탄생한 곳이기도 하고, 숙종 27년에 장희빈이 인현왕후(仁顯王后)를 저주한 곳이기도 하다.[66] 『한중록』에서는 취선당이 저승전 뒤에 있고 후에 동궁의 소주방(燒廚房)이 되었다고 하였다.[67]

종합하면, 동궁이란 왕세자의 궁이었지만 창덕궁 동궁은 왕세자가 없어 동궁이 비었을 경우 대왕대비와 대비의 거처로도 사용되었고 동궁 내에 임금의 총애를 받던 빈의 처소가 영건되기도 하였다.

2. 헌종

1) 헌종과 경빈김씨

낙선재 일곽을 조영한 헌종은 순조 27년(1827) 7월 18일 창경궁 경춘전(景春殿)에서 세손으로 태어났다. 왕세자인 익종이 대리청정을 하고 있을 때이다. 헌종은 1834년 8세의 어린 나이로 즉위하였는데, 위로 수렴청정을 행하던 대왕대비 순원왕후(純元王后, 안동김씨, 1789~1857)와 대비 신정왕후(神貞王后, 풍양조씨, 1808~1890)를 모시고 있었다. 헌종은 즉위 7년 후부터 친정을

---

64) 『숙종실록』 12년 9월 5일[丙戌] 기사.
65) 『숙종실록』 12년 9월 13일[甲午], 12월 10일[庚申] 기사.
66) 『궁궐지』, 서울사료총서 제3권, p.88.
67) 『한중록』樂(제2권), p.11(마이크로필름의 쪽수).

하기 시작한다. 헌종 14년(1848)은 대왕대비 순원왕후가 육순, 대비 신정왕후가 망오(望五)가 되는 경사스러운 해로 성대한 의례가 행해졌고[68] 다음 해엔 순원왕후가 회갑을 맞는데 헌종은 이를 '국조(國朝)에 드물게 있는 큰 경사'[69]라 하였다.

수렴청정 기간이던 헌종 3년 안동김씨 규수를 왕비로 책봉하였으나 효헌왕후(孝憲王后) 김씨는 헌종 9년에 승하하고 10년에 남양홍씨 규수를 계비로 맞아들인다. 효정왕후(孝定王后) 홍씨에게 후사가 없자 대왕대비는 처자를 가려 빈을 맞아들이라고 헌종 13년에 하교하고, 같은 해 10월 20일에 광산김씨 김재청(金在淸)의 딸을 경빈(慶嬪)으로 책봉하였다.[70] 당시 헌종은 풍양조씨를 등용하여 친위세력을 구축하려 했는데 권력의 중심 조병현(趙秉鉉, 1791~1849)이 김재청의 딸을 후궁으로 들이는 데 일조하였다.[71]

헌종 10년 계비 홍씨를 맞아들일 때 유례없는 일이 있었다고 한다. 역대 국혼의 경우 왕이든 동궁이든 또는 왕자녀든 본인이 간택에 참여하는 법이 없었는데 왕비 간택 때 헌종이 직접 참여하여 그 전례를 깨뜨린 것이다. 1970년대 초까지 생존한 옛 궁인 출신 여인들 사이에서 전하는 말에 의하면 왕의 마음이 후에 효정왕후가 될 홍씨네 규수보다 주부(主簿) 김재청의 딸에게 끌렸다는 것이다. 그러나 수렴청정까지 행했던 대왕대비와 대비 등의 의견에 따라 홍씨가 계비가 된다. 그 후 경빈김씨를 후궁으로 맞는데 그가 바로 3년 전 계비간택 때 낙선된, 헌종이 직접 보고 마음에 들어 했다는

---

68) 『헌종실록』 13년 11월 15일[辛卯], 14년 1월 1일[丙子], 3월 16일[庚寅], 17일[辛卯] 기사, 헌종 대왕 묘지문 등에 관련 내용이 나옴.
69) 『헌종실록』 15년 윤4월 16일[癸未] 기사.
70) 『헌종실록』 3년 3월 18일[乙未], 9년 8월 25일[乙丑], 10년 10월 18일[辛亥], 13년 7월 18일[乙未], 10월 20일[丙寅] 기사에 관련 내용이 나옴.
71) 이이화, 『한국사 이야기16: 문벌정치가 나라를 흔들다』, 한길사, 2003, pp.83~84.

그 규수였다고 한다.[72]

궁인들의 기억 속에는 헌종 10년 계비간택 때 김씨(경빈)가 있었다고 하지 만 『일성록(日省錄)』에 기록된 계비간택 참가 규수들 중에 김재청의 딸, 즉 '金 在淸女'가 보이지 않는다.[73] 단, 경빈김씨 백부[74]의 이름으로 '金在敬女'(김재경 여)라는 후보자가 있어 그가 경빈일 가능성이 없지 않으나 확실한 자료를 찾 지는 못하였다. 계비 홍씨 간택 때의 일화가 궁인들 사이의 소문이라 하더라 도 경빈에 대한 헌종의 각별한 애정이 근거가 된 것임에는 틀림이 없다.

경빈김씨는 궁녀에서 승격된 빈이 아니라 순조의 생모인 수빈박씨(綏嬪 朴氏)와 같이 간택을 통해 정식으로 맞아들인 부인이다. 더구나 그녀가 가 지고 있던 「순화궁접초(順和宮帖草)」에서 기술하고 있는 의복이 왕비나 왕 세자빈의 것과 별 차이가 없다고 한다. 경빈김씨는 후궁이긴 하지만 왕비 같은 호화롭고 고귀한 옷차림을 하던 왕의 부실(副室)이었던 것이다.[75] 헌종 은 15년(1849) 후사 없이 23세로 동궁인 중희당에서 승하하였다.[76] 경빈김씨

---

72) 김용숙, 『조선조 궁중풍속 연구』, p.430; 김명길, 『낙선재주변』, 중앙일보 · 동양방송, 1977, p.168.
73) 이민아, 「효명세자 · 헌종대 궁궐 영건의 정치사적 의의」, 『한국사론』제54권, 서울대학교, 2008, p.237.
  관련 사료의 기록은 다음과 같다.
  『일성록』, 헌종 10년 4월 22일 기사: 行初揀擇于慈慶殿, 詣闕處女副護軍金公鉉女幼學徐麒淳女朔 寧郡守金在晉女社稷令金在敬女懷德縣監徐慶輔女司甕直長鄭世臣女戶曹正郎金萬根女繕工奉事鄭 基承女副司果徐容輔女生員朴興壽女童蒙教官尹奎錫女前都事趙秉緯女幼學沈麟之女副護軍申錫愚 女幼學趙秉和女前正郎洪在龍女副司果申泰運女副司直金穰根女金應均女幼學金炳箕女 (밑줄은 필 자가 표시)
74) 『憲宗妃慶嬪金氏順和宮嘉禮時節次』(황문환 외 5인 주해, 『정미가례시일기 주해』, 한국학중앙연구 원, 2010, p.440)에 백부인 김재경(都事金在敬 伯父) 집에 보낼 혼수품의 물목이 기록되어 있고 광산김씨 종친회에서도 김재경이 경빈의 백부임을 확인하였다.
75) 김용숙, 앞의 책, p.283, p.432.
  '순화궁'은 경빈김씨의 당호이며, 「순화궁접초」란 절기에 따라 입는 의복과 액세서리 등에 대해 기 술한 것으로 궁중발기[宮中件記]의 일종이다.
76) 『헌종실록』 15년 6월 6일[壬申] 기사.

는 광무(光武) 11년(1907) 궐 밖에서 승하하였는데 당시 고종은 '옛날 헌종대 왕의 예우를 생각해서 감창(感愴)하노라'라고 하였고 그의 상례를 화빈(和嬪) 때와 같이 국가장인 예장(禮葬)으로 하고 그 외의 모든 일도 그와 같이 거행 하게 하였다.[77]

2) 새로운 연조공간

헌종은 재위 기간 동안 희정당, 성정각, 중희당을 편전(便殿)으로 사용하 였다.[78] 편전은 치조공간의 한 전각으로 평상시 임금이 신하들과 정치를 의 논하고 학술 강론을 하던 곳이다. 희정당은 이전에도 선정전(宣政殿)과 함 께 편전으로 사용되었으나[79] 성정각과 중희당은 본래 왕세자의 공간이었 다. 사용기간만 본다면 희정당을 가장 많이 사용했지만 헌종 13년(1847) 7월 부터 승하할 때까지는 성정각과 중희당을 주로 사용하였다. 13년 7월은 헌 종 처소인 낙선재의 상량식을 행한 두 달 후로서 낙선재가 완공되었거나 완공이 임박했을 때이다. 낙선재의 완공은 낙선재 일곽의 탄생을 확실시하 는 첫 성과였고 헌종이 낙선재와 인접한 동궁의 전각들을 자신의 공간으로 사용하는 당위적인 이유가 되었다. 헌종은 창덕궁 동궁을 사용하고 동궁지 에 자신과 대왕대비, 후궁의 처소인 낙선재 일곽을 조영한다. 이것은 창덕 궁 동궁의 특수성, 즉 동조와 빈의 거처라는 기능과는 부합하지만 이 일대

---

77) 김용숙, 앞의 책, pp.431~432; 『고종실록』 44년 6월 1일(양력) 기사.
78) 『헌종실록』을 통해, 헌종이 사용한 편전을 시순(時順)으로 정리하면 다음과 같다.
   희정당(원년부터 사용)→중희당(9년 8월부터 10년 8월까지 주로 사용)→경희궁(慶熙宮)에 기거 →중희당(11년 4월부터 12년 10월까지 주로 사용)→희정당(12년 11월부터 13년 6월까지 주로 사 용)→성정각(13년 7월부터 15년 3월까지 주로 사용)→중희당(이후 주로 사용, 15년 6월 6일 이곳 에서 승하)
79) 『궁궐지』, 서울사료총서 제3권, p.32, p.38.

는 동궁의 본래 기능을 상실하여 연조공간으로 바뀌게 된다.

　이 새로운 연조공간의 중심이 낙선재이다. 헌종은 평상시 낙선재에 기거하며 서쪽의 성정각·중희당을 편전으로 사용하고, 중희당과 이어져 있던 소주합루(小宙合樓. 승화루) 서고에 정조·순조·익종에 이어 많은 책과 서화를 수집하여 신하들과 함께 감상하였다. 서화 감상을 좋아한 헌종은 낙선재에서 생활하는 동안 유배 중인 추사 김정희(金正喜)에게 글씨를 써서 올려 보내라고도 하고 소치 허유를 불러 그림을 그리게도 하였다.[80] 인장(印章)·전각(篆刻)에 조예가 깊어 역대 임금이 사용하던 인장과 헌종 개인 인장, 문인들의 인장을 수집하고 『보소당인존(寶蘇堂印存)』이라는 인보(印譜. 일종의 도록)를 편찬하였는데 '보소당'이란 낙선재 동온실(동쪽의 온돌방)로 헌종의 당호(堂號)[81]이다. 헌종의 취미인 예술품 수집과 감상, 문예인들과의 교류의 주된 공간이었던 낙선재는 일곽의 다른 건물들과 함께 건축주인 헌종의 예술적 감각이 돋보이는 건축이다.

80) 유홍준, 「헌종의 문예 취미와 서화 컬렉션」, 『조선왕실의 인장: 국립고궁박물관 개관 1주년 기념특별전』, 그라픽네트, 2006, p.203, p.213.
81) 국립고궁박물관 편저, 『조선왕실의 인장』, p.20.

Ⅲ
조영시기와
조영목적

III
조영시기와 조영목적

　낙선재 일곽의 조영시기와 조영목적은 『원헌고』에 실린 '낙선재 상량문'[82] 과 '수강재 중수 상량문',[83] 그리고 석복헌에서 발견된 '석복헌 상량문'과 수강재에서 발견된 '수강재 중수 상량문'으로 고찰한다. 상량문은 1994년 당시 민족문화추진회 전문위원이었던 안정(安柾)이 국역하였으며 이하 이 국역본을 사용한다.[84]

　머리말에 적은 대로 이 책은 같은 제목의 1994년 논문을 보완한 것이다. 따라서 당시 이 장을 쓰기 위해 참고했던 이전의 연구들이 무엇이었는지

---

82) 『원헌고』 제1권, pp.17~18.
83) 『원헌고』 제1권, pp.18~20.
84) 상량문 국역본 각주에 나오는 참고문헌들은 필자가 직접 참고한 자료가 아니므로 이 책의 참고문헌과 구분하기 위해 국역본 각주에서 표기한 대로 〈 〉안에 문헌명을 적는 방식을 따른다.

밝힐 필요가 있다. 고찰에 앞서, 참고했던 94년까지의 연구를 정리하면 다음과 같다.

낙선재에 대해, 『한국의 건축과 예술』(세키노 타다시, 1990, p.258)에는 순조 11년(1811) 왕비의 전(殿)으로, 『조선건축사』Ⅱ권(리화선, 1993, p.97)에는 헌종 13년(1847) 왕궁 살림집으로 조영되었다고 쓰여 있다. 『문화유적총람』上권(문화재연구소, 1977, p.31)과 〈창덕궁의 건물들〉(김두헌, 『건축문화』, 1985.1, p.88)에서는 헌종 12년 후궁을 위해 건립되었고 후에 국상을 당한 왕비의 거처로 변했다고 하였다. 『한국의 고궁』(문화재관리국, 1980, p.138), 『한국의 정원』(정동오, 1986, p.171), 『한국의 고궁건축』(신영훈·장경호, 1988, p.208)에서는 각각 헌종 12년에 창경궁 연침, 창덕궁 연침, 창경궁 침전으로 조영되었다고 하였다. 『창덕궁』(장순용, 1990, p.91)에서는 헌종 13년 국상을 당한 왕후와 후궁들의 거처로, 『한국민족문화대백과사전』제21권(한국정신문화연구원, 1991, p.668)에서는 헌종 12년 국상을 당한 왕후들의 은거지로, 〈세월의 뒤안길에 선 낙선재〉(장순용, 『건축과 환경』, 1994.5, p.140)에서는 헌종 13년 선대 후궁들의 거처지로 조영되었다고 하였다. 『조선조 궁중 풍속 연구』(김용숙, 1987, p.431)에서는 헌종이 후궁 순화궁(경빈김씨)을 위해 신축했다고 하였고, 『세계대백과사전』5권(고정일, 1992, p.2,940)에서는 헌종 13년(1847) 후궁 김씨를 위해 조영되었다고 하였다. 이 외 『서울특별시사—고적편』(서울특별시사편찬위원회, 1963, p.149)에는 헌종 12년(수강재: 정조 9년), 『서울육백년사—문화사적편』(서울특별시사편찬위원회, 1987, p.75)과 『한국의 전통건축』(장경호, 1992, p.328)에는 헌종 12년(1846), 『국보』제11권—궁실건축(신영훈, 1985, p.222)과 『한국 건축과 실내』(신영훈, 1986, p.39)에는 헌종 13년이라는 조영시기만 쓰여 있다.

이상의 기존 연구들은 대부분 조영시기를 헌종 12년이나 13년으로 보고 있으나 낙선재 일곽을 낙선재 · 석복헌 · 수강재 영역으로 구분하지 않았고 조영목적에 대해서는 조금씩 다르게 기술하였다. 이들은 이 장을 쓰는 데 실마리가 되었고 이를 바탕으로 사료를 찾아 조영시기와 조영목적을 밝힐 수 있었다.

1. 낙선재

헌종이 지은 '낙선재 상량문'은 헌종의 문집 『원헌고』에 수록되어 있고 '丁未'(정미)라 적혀 있다. Ⅳ-6절의 '편액'항에서 후술할 '낙선재 상량문 현판'에는 좀 더 자세히 '道光二十七年丁未榴夏'(도광27년정미유하)라고 새겨져 있다. 여기서 '정미'란 헌종 13년(도광 27년)을, '유하(榴夏)'란 석류꽃 피는 여름인 5월을 말하므로 낙선재 상량식을 헌종 13년 5월에 했음을 알 수 있다. 상량식은 구조체가 다 짜인 후에 하는 의식으로 상량식이 끝나면 지붕을 올리고 수장하고 기단을 쌓아 집이 완공된다.[85] 그러므로 낙선재는 헌종 13년(1847)에 영건된 것이다. 낙선재의 영건목적을 '낙선재 상량문'을 통해 고찰한다.

우선 '樂善(낙선)'의 의미를 파악하여 낙선재가 누구를 위하여 영건된 것인지 알아본다.

원(元)은 인(仁)이고 선(善)의 으뜸이니……[元爲仁 善之長也[86]……]

---

85) 김동현, 『한국고건축단장』下-기법과 법식, 통문관, 1977, pp.8~11.
86) 본의(本義)에서 "원(元)이란 생물의 시원(始原)이다. 천지간의 덕 중에 이보다 앞서는 것이 없다. 그러므로 계절로는 봄에 속하고 사람으로는 인(仁)이고 모든 선(善)의 으뜸이다"라고 하였다. 〈易, 乾卦〉

백성들이 편안하여 다 즐거워하니……[民以寧 樂于胥兮……]

(임금은) 선행을 보면 강물을 트듯이 결행하여 훈전(임금의 궁)에서 남풍가

(백성을 위한 노래)를 부르는 교화를 펴고[見善決河[87] 薰殿敷歌風之化[88]]

(백성들은) 즐겁게 못을 만들고 영대를 하루도 안 되어 완성하였다는 축송

(祝頌)을 올리도다……[歡樂爲沼 靈臺頌不日之成[89]……]

아름다운 임금이 위대한 것을 즐긴 도리를 어찌 동평왕에게만 비유하겠는

가.[在明后樂其大之道 何曾取比於東平[90]]

오직 성인만이 선을 남과 더불어 하는 마음을 가졌으니 절로 선현들에게 전

수되었네……[惟聖人善與同之心[91] 自有傳授於先哲……]

종합하면, '善(선)'이란 원(元)인 임금의 첫째 규범으로서 순(舜)임금과 같이 주저 없이 행하는 선을 말한다. '선행을 행하는 것이 가장 즐거웠다'는 동평왕(東平王)과 같이 사실(私室)에서도 선을 행하되, 자신이 선하지 않은 것은 과감히 버리고 남의 선행을 따르겠다는 것이다. 이러한 의미로 지금 짓는 집, 즉 낙선재에 있을 때에도 '백성들과 함께하는 마음은 문을 활짝 열어놓은 것과 같이 활달하고, 컴컴한 방의 구석에서도 남에게 부끄러운 행동을 하지 않음으로써 도를 구하겠다[與民同也 豁如心於洞開[92] 有道求之 尚不

---

87) 맹자가 말하기를, 순(舜)임금은 한 번 선행을 듣고 한 번 선행을 보게 되면 강한 물살이 둑을 터뜨리는 것처럼, 강한 물살이 쏟아지는 것처럼 주저 없이 선을 행하였다.〈孟子, 盡心, 上〉
88)〈孔子家語〉.
89) 영대(靈臺)란 중국 문왕(文王)의 정원인 영유(靈囿)에 있는 대(臺). 백성들이 문왕을 위한 정원을 짧은 시간에 훌륭하게 완성시키고는 모두 기뻐하였다.〈孟子, 梁惠王, 上〉
90) 동평헌왕(東平憲王)에게 어떤 사람이 묻기를 "집에 있을 때에 무슨 일이 가장 즐거웠는가?" 하니, "선행을 행하는 것이 가장 즐거웠다. 이 말은 매우 위대하다"고 답하였다.〈後漢書, 東平憲王傳〉
91) 순(舜)은 더 위대한 점이 있었으니 선을 남들과 함께하는 것이었다. 자신이 선하지 않은 것은 과감히 버리고 남의 선행을 따랐다.〈孟子, 2편〉
92)〈宋史, 太祖本紀〉.

愧于屋漏[93]'('낙선재 상량문' 중에서)라고 하였다. '樂(낙)'이란 임금이 선행을 했을 때의 결과이다. 임금이 선행을 하면 자연히 백성들이 즐겁고 그로 인해 임금도 즐겁다. 즉, '낙'은 임금이 선을 행하는 즐거움인 것이다. '낙'의 또 하나의 의미는 백성들과 함께하는 즐거움, 문왕(文王)이 자신의 영유(靈囿)를 백성들에게 개방하여 함께 즐긴 것과 같은 여민동락(與民同樂)이다. 결국 '낙선'이란 '선을 즐긴다'는 뜻으로 백성을 위하는 임금의 도리를 나타낸 것이다. 이로써 낙선재의 주인이 당시의 임금인 '헌종'임을 알 수 있다.

낙선재의 영건목적을 알리는 문구는 다음과 같다.

> 남산에 대나무가 **빽빽**이 선 듯 한 튼튼한 기반 위에, 편안하게 살 마음의 집을 짓고……[苞竹南山[94] 廓居安之心宅……]
> 오른쪽은 평평하고 왼쪽은 층계로 자리를 연 곳에 비록 조정의 백관들이 가득 차겠지만[闢右平左城之位 縱有旣盈矣朝]
> 위에는 부들자리 아래에는 대나무자리를 깐 연석을 펴 놓았으니, 어찌 편안히 휴식하는 일이 없겠는가.[設上莞下簟之筵 詎無乃安斯寢[95]]
> 비로소 동쪽 언덕으로 새 태양(태자의 출생)이 떠오르고 있기에 새로이 몇 칸의 집을 짓게 되었다.[載於重熙東畔 爰有新構幾間]

즉, 헌종은 낙선재를 자신이 편안하게 기거할 집인 연침(燕寢)[96]으로 영건한 것이다. 그런데 그 동기는 태자 탄생이라 했으니 낙선재 영건이 당시 후

---

93) 〈詩, 大雅, 抑〉.
94) 〈詩, 小雅, 斯干〉.
95) 〈詩, 小雅, 斯干〉.
96) 연침: 임금이 평시에 한가로이 거처하던 전각(장기인, 『한국건축사전』, 한국건축대계IV권, 보성각, 1993, p.360).

사를 위하여 책봉된 빈과 무관하지 않음을 알 수 있다.

낙선재가 헌종의 연침이라는 사실은 다음의 문구로 분명해진다.

곱고 붉은 흙을 바르지 않았으니, 이는 집을 너무 사치스럽게 하지 않은 것이고,[丹艧未塗 猶恐規模之過度]

색칠한 서까래를 걸지 않았으니, 질박함을 우선으로 한 뜻을 보인 것이다.[采椽不斲 庸示敦樸以爲先]

오직 부지런히 흙으로 벽을 바르기만 하였으니 집을 짓는 것으로 낙을 삼은 것이 아니었고,[惟勤墍茨 非爲悅志於宮室]

넓은 집에서 편안할 수 있게 되었으니 모두 백성들에게로 교화를 돌리지 않음이 없도다.[大庇廣廈 莫不歸化於庭衢]

이에 아름다운 명칭으로 집의 편액을 내리니[肆以扁字之錫嘉]

실로 이름을 보면서 의를 생각함이로다……[實爲顧名而思義……]

꿩이 날아가는 것과 같은 제도로 집을 지어[見翬鳥之良制[97]]

편안하고 심원하게 지내는 데에 매우 좋도다.[作燕蟄之孔安]

동벽에는 온갖 진귀한 서적들 빛나고[東壁之蘂珠綴紅群玉焜耀]

서청(한림학사들이 출근해서 머무르던 방)에는 늙은 홰나무 푸른빛 휘날려 창이 영롱하네.[西淸之槐龍舞綠八窓玲瓏]

잘 꾸며진 서적은 유양의 장서보다 많고[瓊帙牙籤 簡冊多酉陽之貯[98]]

아름다운 비단 두루마리는 성상이 을야에 볼 자료로다.[繡函錦軸 圖書備乙夜之資[99]]

---

97) 〈詩, 小雅, 斯干〉.
98) 유양(酉陽)은 중국 사천(四川)에 있는 산으로 석굴에 천여 권의 책이 있었다고 한다.
99) 을야(乙夜)는 이경(二更, 21~23시). 당나라 문종은 "만약 갑야(甲夜)까지 정사를 보고 을야에 책을 보지 않는다면 어떻게 임금노릇을 할 수 있겠는가"하였다. 〈杜陽雜編〉

이상은 낙선재가, 헌종이 편안하게 기거하며 수장된 책들을 볼 수 있게 지어진 곳임을 나타낸다. 그런데 학사들이 있는 서청과 많은 서적, 임금이 늦은 시간까지 책을 본다는 묘사는 낙선재 서쪽으로 편전인 중희당과 서고인 소주합루가 인접하여 위치한 것과 상통하는 내용이다. 실제로 헌종은 낙선재에 기거하며 서쪽의 성정각 · 중희당에서 신하들과 정치를 의논하고 강론을 하였으며 소주합루에서 많은 책과 서화를 감상하였다. 낙선재의 행랑에도 서화를 수집해 놓고 문예인들과 교류하였다. 상량문에는 영건될 집의 건축제도도 묘사하고 있는데 마치 현재의 모습을 보고 읊은 듯하다. 이로써, 서쪽의 편전과 인접하여 낙선재를 배치한 것, 단청을 하지 않고 누(樓) 위로 꿩이 날아가는 듯한 팔작지붕을 올린 것, 낙선재 둘레에 서화를 수장하는 행랑을 영건한 것 등이 당시의 건축의도였음을 알 수 있다.

소치 허유는 헌종의 부름을 받고 헌종 15년(1849) 다섯 차례 입궐하여 어전에서 그림을 그리고 왕실 소장의 고화와 고서를 평하였다. 그중 네 번은 낙선재로 찾아가는데 당시의 상황을 『소치실록』에 기술하고 있다. 허유는, '기유년(인용자 주: 1849년) 정월 15일에야 나는 비로소 입시했습니다.…… 낙선재에 들어가니 바로 상감 평상시 거처하시는 곳으로……', '……상감께서는 옅은 자주색 두루마기에 종탕건을 쓰시고 비취옥관자를 달았는데 행전은 치지 않으셨으니 아마 사실에서 기거하시기 때문이었나 봅니다'[100]라고 하여 낙선재가 헌종의 '평상시 거처', 즉 연침임을 밝히고 있다. 또한 '낙선재 뒤에는 평원정(平遠亭)이 있었습니다'[101]라고 기술한 것으로 보아 낙선재 후원의 평원루[102]도 낙선재 일곽을 조영할 때 함께 영건한 것으로 추정한다.

---

100) 허유, 『소치실록』, 편역: 김영호, 서문당, 1976, pp.17~18, p.21(원문: pp.169~170).
101) 허유, 앞의 책, p.18(원문: p.169).
102) 장서각장본 『궁궐지』와 「동궐도형」에는 '平遠樓'(평원루)라 기록되어 있다.

2. 석복헌

석복헌에서 발견된 상량문에는 '道光二十八年八月十一日'(도광28년8월11일)이라는 상량식을 한 날짜가 기입되어 있다. 석복헌이 지어진 때는 도광 28년, 즉 헌종 14년(1848)인 것이다. 석복헌의 영건목적을 '석복헌 상량문'을 통해 고찰한다.

먼저 '錫福(석복)'의 의미를 파악한다.

> 가정에 마땅하게 하고 백성에게 마땅하게 하니 많은 복을 주리라······[宜其 家室 宜其民 錫茲祉福······]
>
> 군자의 효행이 길이 그 자손들에게 이어지는 것(錫)을 생각하고[茲以君子錫 爾類[103]之思]
>
> 서민들에게 오복(福)을 주는 것을 뜻하는 명칭을 내걸었도다.[爰揭庶民福用 歆[104]之號]

위의 내용을 종합하면, 왕실의 가정과 백성을 다스리는 일을 잘하여 왕실과 백성들이 모두 무고하니 하늘이 복을 내리리라[錫福]는 것이다. 헌종 13년 대왕대비는, "오백 년 종사(宗社)의 부탁이 오직 주상(主上) 한 몸에 있는데 춘추가 점점 한창 때가 되어가도 자손의 경사가 아직 늦도록 없다. ······모든 국민이 바라는 마음이 같은 것이며, 오르내리시는 조종(祖宗)의 영(靈)께서는 그 바라고 기다리시는 바가 더욱이 어떠하겠는가?······"[105]라

---

103) 〈詩, 大雅, 旣醉〉.
104) 〈書, 洪範〉.
105) 『헌종실록』 13년 7월 18일[乙未] 기사.

고 하였는데 이것은 당시 왕실에서 바라는 가장 급한 일이 왕세자의 탄생임을 나타낸다. 그러므로 국가의 대계인 왕세자가 탄생하여 군자의 효행을 길이 전할 수 있게 되면 이는 또한 백성들에게 복을 주는 것이기 때문에 이 집의 이름을 '석복'이라 한 것이다.

상량문에는 임금의 부인으로서 행할 도리를 알리는 문구가 있다.

> 후왕이 내조의 공을 받으니[后王資內助之功]
>
> 하늘이 두터운 복을 받게 하였네……[皇天俾單厚之報[106]……]
>
> 돌아보건대 지금 금슬이 자리에 있고[顧今琴瑟在御[107]]
>
> 꾸민 비녀와 귀걸이로 경계하도다.[所禮簪珥矢箴[108]]
>
> 아침에 늦지 않게 깨워 안일하지 않도록 경계하고[雜佩[109] 鷄鳴[110] 瞿瞿宴安之戒]
>
> 후비(后妃)의 덕으로 자손이 많을 것을 칭송한 노래 평화롭게 올리도다……
> [樛木[111] 螽羽[112] 洋洋和平之歌……]

부인이 임금을 모시면서 임금이 정사에 소홀하지 않게 경계하고, 덕으로써 내조하고 자손을 많게 해야 한다는 내용이다. 당시 헌종의 부인은 효정왕후와 경빈김씨이다. 그런데 후사를 위해 새로 맞아들인 부인이 경빈김씨였으므로 위에서 말하는 부인이란 경빈일 가능성이 높다. 상량문의 주인공

---

106) 〈詩, 小雅, 天保〉.
107) 〈詩, 鄭風, 女曰鷄鳴〉.
108) 임금이 정사(政事)를 보는 데에 늦지 않도록 왕비가 경계하는 것을 비유함. 〈列女傳, 賢明傳〉
109) 부인의 내조를 뜻함. 〈鄭風, 女曰鷄鳴〉
110) 훌륭한 왕비가 임금에게 일찍 일어나서 조정의 일을 보라고 권함. 〈齊風, 鷄鳴〉
111) 왕비가 덕이 있는 것을 비유함. 〈詩, 周南, 樛木〉
112) 후비에게 자손이 번성함을 뜻함. 〈詩, 周南, 螽斯〉

이 두 부인 중 누구인지는 다음의 문구로 확실해진다.

오색무지개 기둥을 감도니 상서(祥瑞, 출산을 의미)를 내릴 약속이로다……
[文虹繞棟 卽生祥下瑞之期……]

하늘이 장차 난실(아름다운 여인의 방)에 계시를 하려는데, 대인이 점을 치
니 아들을 낳을 것이라 하였고……[天將啓於蘭室 大人占之夢熊……]

그중에선 먼저 의남초를 얻는 것이 좋다네……[就中先要得宜男[113]……]

아이가 태어나길 기대하는 내용인데 특히 득남을 기원하고 있다. 왕세
자의 탄생을 바라는 것이다. 그러므로 상량문에서 말하는 임금의 부인이란
병으로 후손을 생산할 수 없었던 효정왕후라기보다는 왕세자를 낳을 수 있
는 경빈김씨이다.

석복헌을 헌종의 연침인 낙선재와 대왕대비의 거처인 수강재[114] 사이에
영건한 이유는 다음과 같다.

궁궐에 있으면서는 왕을 받들어 시중드는 일에 어김이 없고[在宮承雍和之盛
喜巾帨之無違]

아침저녁으로 어버이에게 문안드리는 일을 거르지 않도다.[問寢候晨夕之安
思起居之與接]

이에 수강재 오른쪽에 터를 잡고, 낙선재 동쪽으로 건물을 연이었네.[肆乃
測圭於壽康之右 聯屋於樂善之東]

---

113) 부인이, 많은 사내아이를 얻기를 축송하는 말로 씀. 〈風土記〉
114) 수강재가 대왕대비의 거처임은 다음 3절에서 고찰함.

즉, 경빈김씨는 임금의 부인으로서, 대왕대비의 손부(孫婦)로서 그 역할을 다하여야 하기 때문에 임금과 대왕대비 가까이에 거처해야 한다는 것이다.

석복헌을 영건한 이유는 다음의 문구에 잘 나타난다.

> 새집을 비로소 건축하니, 아름다운 징조가 저절로 오도다……[新宮肇建 休徵自來……]
>
> 이 집이 우뚝하게 서면 집안의 사람들 다 기쁘고[大壯[115] 旣隆 家人[116] 胥喜]
>
> 훌륭한 부인을 주어서 연매제사(아들을 구하는 제사) 올려 상서로운 일 열고 [女士釐爾[117] 啓休禎於燕祺]
>
> 왕모에게서 복을 받아 장수를 누리고……[王母受玆[118] 享遐齡於鮐背……]

왕실에 훌륭한 부인이 들어오게 되면 그의 덕으로 집 안팎이 다 바르게 되고 왕모인 대비나 대왕대비에게서 복을 받게 된다. 그러므로 종사의 큰 일인 왕세자의 탄생을 위하여 새집을 짓고 상서로운 일, 즉 왕세자의 잉태를 바란다는 것이다. 위에서 말하는 훌륭한 부인이란 당시 후손을 위해 간택된 경빈김씨이고 새집이란 그녀가 거처할 석복헌인 것이다.

낙선재와 마찬가지로 석복헌 상량문에도 건축제도를 말하는 문구가 있다.

> 집 모습 청아하고 고고하여 흡사 신선의 집과 같고[體勢淸高 怳乎如雲階

---

115) 〈易, 繫辭 下〉.
116) '여자가 바르면 길하다'는 가인괘(家人卦). 안이 바르면 밖이 바르지 않을 수 없으므로 먼저 안을 바르게 해야 함을 의미. 〈易〉
117) 〈詩, 大雅, 旣醉〉.
118) 〈易, 晉卦〉.

月阤]

법식은 정교하여 어느새 아름다운 집이 열렸네……[規矱精巧 忽焉開繡闥金
閨……]

마치 경건하게 선 듯한, 마치 화살이 곧게 나는 듯한, 마치 새가 깜짝 놀란

듯한, 마치 꿩이 날 듯한 집을 지으니……[斯翼斯棘 斯飛斯革¹¹⁹……]

석복헌은 사람이 경건하게 서 있는 것처럼 반듯하고, 지붕이 우뚝하고
처마가 날 듯한 아름다운 집이다. 이러한 석복헌이 청아하고 고고하여 마
치 신선의 집과 같음을 말하는 내용이다.

3. 수강재

수강재는 정조 9년(1785) 8월 27일, 왕세자가 강학할 동궁의 전각으로 창
건되었다. 이후 헌종연간 전혀 다른 용도로 중수되는데 그 내용은『원헌고』
에 실려 있는 '수강재 중수 상량문'을 중심으로 고찰한다. 건물에서 발견된
상량문과 앞부분만 약간 다르고 전체적인 내용이 같다.『원헌고』의 상량문
에는 '戊申'(무신. 1848년), 건물에서 발견된 상량문에는 '道光二十八年八月
十一日'(1848년8월11일)이라고 상량식 한 연도와 날짜가 적혀 있다. 석복헌
의 영건과 같은 때 중수된 것이다.

'壽康(수강)'의 의미를 담고 있는 문구는 다음과 같다.

---

119) 〈詩, 小雅, 斯干〉.

서민들에게 오복을 주니 장수(長壽)와 강녕(康寧)이로다……[厥庶民錫汝 九五福 曰壽曰康……]

삼백육십오일 해가 지나 보력이 수성 자리에 이르니[三百有六旬 寶曆紀壽 星之次]

팔십일만세를 누려 잔치에서 강로의 술잔을 올리리……[八十一萬歲 法筵進 康老之盃……]

영험이 있는 아홉 가지 단약은 백성들에게 장수의 비결로 널리 베풀고[靈丹 九還 普施壽民之要訣]

격양가(태평성대의 노래) 소리는 아래로 강구요(태평성대의 노래)에 화답하 리.[擊壤一唱 俯和康衢之希音]

'수강'이란 백성들에게 복록 중의 으뜸인 장수와 강녕을 베푼다는 뜻이 다. 복록을 주는 왕모 또한 장수와 강녕을 누려야 한다는 의미를 내포하는 데 이러한 내용은 상량문 전체에 담겨 있다.

헌종이 어떤 이유로, 누구를 위해서 수강재를 중수했는지는 다음의 내용 에 나타나 있다.

아, 우리 자성께서는…… 송나라 왕실의 '여중요순(女中堯舜)'과 같다.[猗 我慈聖……允矣宋室女堯][120](수강재에서 발견된 '수강재 중수 상량문' 중 에서)

아름답고 유순하고 바르고 공손한 풍도는 규문에서부터 드러났고[徽柔懿恭

---

120) 이 글은 수강재의 주인이 누구인지 말해주는 주요한 문구 중 하나인데 건물에서 발견된 상량문 에만 쓰여 있어 따로 인용한 것이다.

之風 自閨門而闡發]

포괄적이고 빛나고 큰 덕은 넓은 땅을 두루 다 적셨다.[含弘光大之德 遍紘埏而涵濡]

이미 내조(內助)의 공이 크게 드러나니 하늘의 아름다운 징조가 끊임없이 오리라.[旣陰功之丕彰 宜天休之滋至]

오직 나 소자는 선왕의 전통을 공손히 이어받아 비로소 어머님 처소로 달려가서[惟予小子 恭承堂構 載趨庭闈]

한나라 장락궁(동조의 궁)에서 기쁘게 한 일을 본받아 제후 왕으로서 봉양을 하고[漢長樂之歡愉 粗效千乘之養]

노나라 비궁과 같은 잔치를 열어 삼붕의 시(장수를 기원하는 시)에 비하려 한다.[魯閟宮之燕喜 擬追三朋之詩]

서늘함과 따뜻함을 알맞게 하는 방도에 정성과 힘을 다하고[伊寒暄節適之方 盡誠力之攸到]

아침에 문안하고 저녁에 잠자리를 살필 즈음에 한 걸음이라도 어길까를 두려워하였다.[當晨昏定省之際 恐跬步之或違]

이상으로 수강재 중수가 자성(왕모)을 봉양하기 위한 것임을 알 수 있다. 위 내용의 주인공이 헌종의 어머니인 신정왕후라고 생각할 수도 있다. 그러나 '여중요순'이란 송나라 때 수렴청정을 한 선인태후(宣仁太后)이므로 위에서 지칭하는 자성이란 헌종연간 수렴청정을 한 순원왕후로 보아야 옳을 것이다. 이 사실은 다음의 문구로 더 분명해진다.

이곳은 노인을 받들어 모시는 집이니 축복하는 의의를 표하노라……[所以奉老之堂 寓此祝釐之義……]

대궐문을 활짝 열어젖히고 화목하게 손자의 재롱을 즐기고……[洞開濯龍之
門 融融含飴¹²¹之樂……]

수강재는 노인의 집이며 그곳에서 노인은 손자의 재롱을 즐기며 지낸다
는 내용이다. 그런데 다시는 정사에 관여하지 않고 손자를 보며 지내겠다
는 마황후(馬皇后)의 말을 인용한 것으로 보아 여기서의 노인, 즉 수강재의
주인은 신정왕후라기보다는 정사에서 물러난 순원왕후인 것이다.

수강재의 건축제도에 대한 내용은 다음과 같다.

낙선재 곁에 집을 세우게 되었고 수강재라는 편액을 걸게 되었다.[有齋於樂
善之傍 揭扁以壽康之號]

단아하고 아름다운 방과 전당을 옛 제도대로 중수하고[蘭芳桂殿 因舊制而
重修]

휘황찬란한 천정과 창은 새로이 정교하게 꾸몄도다……[藻井綺疏 運新巧而
增餙……]

산을 등지고 물에 임한 자리에, 터는 대나무가 빽빽이 선 것처럼 튼튼하고
건물은 소나무가 무성한 것처럼 정밀하니[秩秩斯干 猗竹苞而松茂¹²²]

크고 우뚝한 우리 집 천지와 함께 장구히 가리라.[渠渠我屋 願地久而天長]

낙선재 곁에 위치한 수강재는 위의 문구같이 북쪽에는 높은 동산이 있고
남쪽에는 연못이 있는 곳에 조영되었다. 수강재는 낙선재와 석복헌과는 달

---

121) 후한서에서 마황후가 "내가 엿을 물고 손자를 어르면서 지낼 것이고, 다시는 정사에 관여하지
   않을 것이다"라고 하였다.〈後漢書, 馬皇后紀〉
122)〈詩, 小雅, 斯干〉.

리 「동궐도」에 그려져 있는 대로 단청을 한 집으로 위에서 말하는 것과 같이 천정이 단청으로 꾸며져 있었다.

헌종실록에 낙선재 일곽 조영에 관한 기록이 있어 살펴보고자 한다. 헌종 13년 9월 20일에 우의정 박회수(朴晦壽)가 "요즈음 듣자옵건대, 대내에서 영조하는 일은 새로 세우는 것이건 옛것을 수리하는 것이건 물론하고 일이 서로 잇달아 지금도 아직 그치지 않는다 합니다.……"[123]라고 집 짓는 것을 줄여야 한다고 상언하였다. 이 기록을 통해 당시 궐내 건축공사가 연이어 진행 중이었음을 짐작할 수 있다. 낙선재의 상량일이 13년 5월이고 상량식 후 석달 정도면 집이 완공되므로 상언 당시 낙선재는 공사가 끝난 상태였다. 그러므로 상언 내용은 석복헌의 창건 공사와 수강재의 중수 공사에 대한 것이라고 추정한다. 그런데 박회수가 상언한 9월 20일은 석복헌의 주인이 될 경빈김씨가 책봉(10월 20일)되기 전이기 때문에 의문이 생긴다. 앞에서 살펴본 바와 같이 낙선재 상량문에는 왕세자의 탄생에 관한 내용이 있어 낙선재를 계획할 때 왕세자가 탄생할 집, 즉 빈의 처소에 대한 조영계획이 있었다고 본다. 더욱이 석복헌의 위치가 낙선재와 수강재 사이이고 행랑이 세 건물을 둘러싸고 있는 것을 보면 이들의 계획은 함께 이루어졌다고 보는 것이 옳다. 낙선재 영역의 공사기간을 1년 정도라고만 해도 최소한 헌종 12년에는 계획된 일이므로 석복헌도 수강재와 함께 그때 계획되어 박회수가 상언할 당시엔 이미 지어지기 시작했던 것이다. 경빈이 헌종의 새 부인이 된 일이 어쩌면 우리가 알고 있는 것보다 훨씬 전부터 준비되어 온 일인지도 모르겠다.

───────

123) 『헌종실록』 13년 9월 20일[丙申] 기사.

종합하면, 육순과 회갑을 맞을 대왕대비와 새로 맞이할 부인을 위해 수강재와 석복헌의 조영계획은 늦어도 1846년에 헌종의 연침인 낙선재와 함께 이루어졌으며, 낙선재가 1847년 먼저 영건되고 석복헌과 수강재는 그다음 해인 1848년에 영건, 중수된 것이다. 낙선재 영역의 평원루와 행랑 등은 주건물인 낙선재와 함께, 석복헌 영역의 행랑 등은 석복헌과 함께, 수강재 영역의 행랑 등은 수강재와 함께 영건된 것으로 추정한다. 단, 수강재의 후원 동산에는 취운정이라는 정자가 있는데 이것은 이 일곽의 건물들 중에서 가장 오래된 것으로 숙종 12년(1686)에 영건되어[124] 「동궐도」에도 그려져 있다. 세 동의 주건물과 행랑들, 후원과 누·정 등으로 구성된 낙선재 일곽은 1847~48년, 연조공간으로 조영된 건축이다. 순정효황후 윤비를 모셨던 김명길(金命吉, 1894~1983) 상궁은 1977년 당시 낙선재가 130년 전의 건물이며 확실한 것은 아니지만 헌종이 총애하는 후궁 김씨를 위해 지었다고[125] 회고하고 있어 이상의 고찰결과를 뒷받침해주고 있다.

---

124) 『궁궐지』, 서울사료총서 제3권, p.85.
125) 김명길, 앞의 책, p.12, p.15.

IV

건축의
구성요소별
고찰

IV

건축의 구성요소별 고찰

    건축은 공간을 만들기 위해 영건된 건물과 건물을 중심으로 하는 조영물
들을 공간과 함께 포괄하여 지칭하는 것이다. 건축의 구성요소는 여러 측
면에서 정해질 수 있는데 이 책에서는 건축이 완성되어 가는 단계별로 규
정한다. 제일 먼저 하는 일은 좋은 터를 잡는 것이다. 다음은 건물과 여러
조영물 간의 관계와 앉히는 방향을 정하는데 이때 건물의 구체적인 칸수와
용도가 함께 정해진다. 밑바탕이 결정되면 건물의 구조체를 세우고, 뼈대
가 완성되면 수장을 한다. 다음은 건물을 중심으로 주변을 꾸민다. 건축이
완성되면 이를 명명하여 편액을 단다. 이상의 단계들로 건축의 구성요소를
정하면 첫째 '입지', 둘째 '배치·평면', 셋째 '구조체', 넷째 '수장', 다섯째
'옥외공간', 여섯째 '편액·주련'이 된다. 이 장에서는 '낙선재 일곽'이라는
건축을 위에서 정한 구성요소별로 고찰한다. 낙선재 일곽이 조영될 당시의

집짓기에 대한 보편적인 내용이 서유구(徐有榘, 1764~1845)의 『임원경제지 (林園經濟志)』에 정리되어 있어 참고하고자 한다. 이 책은 낙선재 일곽 조영 시기보다 조금 앞선 순조연간의 문헌으로서 19세기 자연과학 백과사전이 라 일컬어지는데 16개 부문 중 제9편 〈섬용지(贍用志)〉, 제14편 〈이운지(怡雲志)〉, 제15편 〈상택지(相宅志)〉 등에 건축 관련 내용이 수록되어 있다.[126]

1. 입지

1) 조영된 터

낙선재 일곽이 어디에 조영되었는지 알아보기 위하여 조영 전에 제작된 「동궐도」와 조영 후 제작된 「동궐도형」을 비교한다. 「동궐도」와 「동궐도형」 모두에 그려져 있는 건물들을 찾아 표시하면 낙선재 일곽의 터를 쉽게 찾 을 수 있다. 낙선재 일곽이 조영되기 전후에 모두 존재하는 주변건축물들 은 삼삼와(三三窩), 소주합루(小宙合樓), 취운정(翠雲亭), 수강재(壽康齋), 진 수당(進修堂), 장경각(藏經閣), 집영문(集英門), 광례문(光禮門), 연지(蓮池), 이극문(貳極門), 다기문(多技門), 숭덕문(崇德門), 건양문(建陽門), 석거청(石 渠廳), 융효문(隆孝門) 등이다. 이들의 위치로 낙선재 일곽의 터가 〈그림 12〉와 같음을 알 수 있다. 낙선재와 석복헌은 수강재의 서쪽, 담장으로 둘 러싸인 공지에 영건되었다. 이 북쪽 천지장남지궁 일곽의 터에는 평원루와 낙선재 북행랑을 비롯한 낙선재·석복헌의 후원이 조영되었다. 낙선재 일

---

126) 이 책에서 참고한 것은 건축 관련 부분이 번역되어 당시 한국건축사 연구에 많은 도움을 주었던 『임원경제지』(김성우·안대회 역)로서 건축잡지에 연재된 글이다. 현재는 이 부분이 번역되어 단 행본으로 출간된 책도 있다.

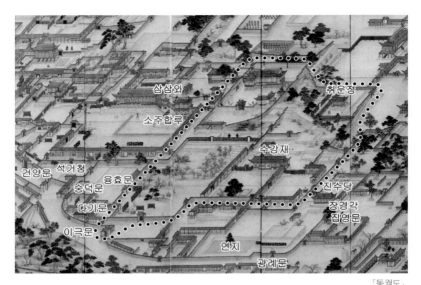

삼삼와
취운정
소주합루
수강재
건양문 석거청
융효문 진수당
숭덕문 장경각
다기문 집영문
이극문
연지
광례문

「동궐도」

삼삼와
소주합루
건양문 석거청
취운정
융효문
숭덕문
다기문
수강재
이극문
진수당
연지 장경각
광례문 집영문

「동궐도형」

●●●●● : 낙선재 일곽 조영址

〈그림 12〉 낙선재 일곽이 조영된 터 (「동궐도」와 「동궐도형」의 비교)

곽은 중희당 일곽의 소주합루와 집영문 사이에 위치하여 창덕궁 동궁지에 조영된 것임을 알 수 있다.

2) 동궐 상의 위치

낙선재 일곽은 창덕궁 동궁지에 조영되었으나 낙선재 일곽 조영 전에 제작된 규장각장본 『궁궐지』와 조영 후 제작된 장서각장본 『궁궐지』에는 이 일대가 모두 창경궁지에 기록되어 있다. 같은 창덕궁 동궁지인 중희당 일곽에 대한 기록은 두 책이 다르다. 전자에는 창덕궁지에, 후자에는 창경궁지에 기록되어 있다.

중희당 일곽과 낙선재 일곽이 모두 동궁지이나 익종 승하 후 창덕궁 동궁을 사용할 왕세자가 없어 동궁의 위상이 불분명해졌다고 생각한다. 규장각장본 『궁궐지』는 익종이 승하하고 얼마 되지 않아 상재(上梓)되었기 때문에 익종의 중심공간이었던 중희당 일곽만을 창덕궁 동궁으로 보아 창덕궁지에 기록하였고, 장서각장본 『궁궐지』가 편찬된 고종연간에는 이미 창덕궁 동궁이란 존재하지 않았으므로 중희당 일곽과 낙선재 일곽을 모두 창경궁지에 기록한 것으로 추정한다. 현재 낙선재 일곽은 창덕궁 경내에 있다. 낙선재 일곽이 창덕궁 동궁지에 조영되기는 하였지만 동궁이 아니라 연조공간으로 조영되었고 두 『궁궐지』에서 모두 창경궁으로 구분하고 있기 때문에 창경궁 경역으로 보아야 옳을 것이다.

3) 지형

김명길 상궁은 낙선재 일곽을 설명하면서 '인정전 앞을 지나 오른쪽으로 깊숙이 들어간 곳'에 위치하며 '외지게 자리 잡고 있어서 이곳에 눈을 돌리는 사람은 극히 적다'고 하였다.[127] 낙선재 일곽이 이렇게 묘사된 것은 건축이 들어선 대지의 지형과 관련이 있다. 낙선재 일곽은 북쪽에서 동남쪽으로 내려오는 높은 동산과 서쪽의 나지막한 언덕으로 주변과 자연스럽게 구분이 될 뿐 아니라 남쪽의 또 다른 동산 사이에 조영되어 지형상으로도 하나의 영역을 이룬다. 이 같은 자연조건에 의해 깊이 있고 아늑한 이곳은 궁궐 내 주거지인 연조공간을 조영하기에 알맞은 환경이다.

건물들이 조영된 터는 북쪽과 서쪽이 높다. 북쪽은 동산으로, 「동궐도」에서도 많은 화계를 만들어 건물의 터를 닦았음을 볼 수 있고 남쪽에는 우물과 연못이 있다. 『임원경제지』에는 이러한 지형에 대해 다음과 같이 쓰여 있다. '[논사상(論四象)] 주택에 있어서…… 집 앞에 연못이 있는 것을 주작(朱雀)이라 하며, 집 뒤에 구릉이 있는 것을 현무(玄武)라 하여 이러한 상을 귀하게 여긴다.' [논사방고저(論四方高低)] ……뒷부분이 높고 앞부분이 낮은 곳을 이름하여 진토(晋土)라 하니 이러한 곳에 거처하면 모두 길하다. 서쪽이 높고 동쪽이 낮은 곳을 노토(魯土)라 이름하는데 이러한 곳에 거하면 부귀하게 될 것이며 분명히 현인이 나오게 될 것이다.…… 무릇 주택은 동쪽이 낮고 서쪽이 높아야 부귀하게 되고 영웅호걸이 난다.…… 뒷부분이 높고 앞부분이 낮을 경우에는 마소가 풍족하게 될 것이다.'[128] 이상의 내용을 통해 낙선재 일곽의 지형이 당시 주거지의 일반적인 입지 조건에 부합한다는 것을 알 수 있다. 북서쪽이 높은 지형은 겨울철 북서풍을 약화시키기 때문에 우리나라 기후특성에도 맞는 대지조건이다. 북쪽을 후원으로 꾸미고 위계상 우위에 있는 왕의 전각인 낙선재를 서쪽에 배치한 점은 이러한 지형을 잘 살린 계획이다.

---

127) 김명길, 앞의 책, p.12.
128) 서유구, 〈임원경제지〉, 역자: 김성우·안대회, 『꾸밈』, 토탈디자인, 1989.8, p.93: 제15편 〈상택지〉의 점기(占基) 지리(地理)조.

2. 배치 · 평면

　낙선재 일곽의 배치 · 평면을 고찰하기에 앞서 관련 사료와 현재 상황을 비교한다. 첫째, 장서각장본『궁궐지』의 기록으로 낙선재 일곽의 규모와 위치를 파악하고 둘째, 제작 시기(1907년경)가 비슷한 장서각장본『궁궐지』와「동궐도형」을 비교한다. 셋째,「동궐도형」과 배치도(삼풍종합건축 제작)를 비교하고 넷째,『궁궐지』와 배치도를 비교한다. 비교 · 고찰 후엔 낙선재 일곽의 배치와 평면내용을 분석한다.

1) 장서각장본『궁궐지』의 기록

　장서각장본『궁궐지』에는 건물의 규모와 위치가 다음과 같이 기록[129]되어 있다.

> 　樂善齋 十七間半 二間五樑 有懸寶蘇 柱長八尺三寸 樑通二間
> 　　　八尺式 道里通六間八尺式 前退四間
> 　　南行閣 十二間 內有長樂門
> 　　西行閣 十五間
> 　　外行閣 十五間 內有重華門 以東小金馬門 以北邊有
> 　　六隅亭 卽平遠樓 以北
> 　　行閣 十四間 以東有
> 　錫福軒 十六間半 二間五樑 柱長八尺二寸 樑通十兩尺 前退四
> 　　　尺 道里通六間八尺式 後退四尺

---

129)『궁궐지』, 장서각장본, 고종연간 편찬, pp.54~55(마이크로필름의 쪽수).

東行閣 七間

西行閣 五間

南行閣 七間半

中行閣 十三間

外行閣 十一間 以東有

壽康齋 十五間 二間五樑 柱長八尺二寸 樑通十兩尺 前退四尺

　　道里通六間八尺式 後退四尺 以北有

翠雲亭 六間[130]

南行閣 七間

中行閣 七間

外行閣 二十七間

東行閣 四間 內有壽康門

中行閣 十三間

外行閣 十九間 內有協祥門 以西北間墻一角門淸輝門 以東

　　北間墻一角門普和門 及重華門以西邊有

貳極門 一間……[131]

(띄어쓰기는 필자가 표시)

낙선재는 17칸 반, 2칸5량집이며 '보소(寶蘇)'라는 현판이 걸려 있

---

130) 장서각장본 『궁궐지』에는 부속건물명이 주건물명에서 들여쓰기를 하여 쓰여 있다. 그런데 '翠雲亭'은 위치상 수강재 후원에 속한 부속건물임에도 들여쓰기를 하지 않았다. 취운정은 낙선재 일곽이 조영되기 160여 년 전인 숙종 12년(1686)에 이미 영건되어 있던 건물이기에 주건물과 같은 기록방식을 따른 것이라고 본다.

131) 『궁궐지』에 낙선재 일곽의 범위가 정확하게 정해져 기록되어 있는 것은 아니다. 이후의 기록 중의 일부도 낙선재 일곽으로 볼 수 있으나 범위 규정의 임의성을 최소화하기 위해 낙선재 일곽이라고 확실하게 볼 수 있는 곳까지만 적었다.

다. 기둥높이는 8척3촌, 보간은 2칸, 8척씩, 도리간은 6칸, 8척씩이고 앞퇴가 4척[132]이다.

남행각은 12칸이며 행각 내에 '장락문(長樂門)'이 있고 서행각은 15칸이다. 외행각은 15칸이며 행각 내에 '중화문(重華門)'이 있고 이 동쪽으로 '소금마문(小金馬門)'이 있다. 북쪽으로 육우정(六隅亭)인 '평원루(平遠樓)'가 있고 이 북쪽에 행각이 14칸 있다.

이 동쪽에 있는 **석복헌**은 16칸 반, 2칸5량집이며 기둥높이가 8척2촌, 보간은 2칸, 10척씩이고 앞퇴가 4척이다. 도리간은 6칸, 8척씩이고 뒤퇴가 4척이다.

동행각이 7칸, 서행각이 5칸, 남행각이 7칸 반, 중행각이 13칸, 외행각이 11칸이다.

이 동쪽에 있는 **수강재**는 15칸, 2칸5량집이며 기둥높이가 8척2촌, 보간은 2칸, 10척씩이고 앞퇴가 4척이다. 도리간은 6칸, 8척씩이고 뒤퇴가 4척이다.

이 북쪽에 있는 취운정은 6칸이다. 남행각이 7칸, 중행각이 7칸, 외행각이 27칸, 동행각이 4칸, 동행각 내에 '수강문(壽康門)'이 있고 중행각이 13칸이다. 외행각이 19칸이며 행각 내에 '협상문(協祥門)'이 있고 이 서북쪽 담장에 일각문(一角門)인 '청휘문(淸輝門)', 동북쪽 담장에 일각문인 '보화문(普和門)'이 있다. 그리고 중화문 서쪽에 '이극문(貳極門)' 1칸이 있다……

이상의 기록을 기준으로 하되 변형된 부분 등을 고려하여 조영 당시의

---

132) 원문에는 '四間'이라고 적혀 있으나 이외 퇴의 설명이 모두 폭을 나타내는 尺으로 기록되어 있고 현재 낙선재 앞퇴의 폭도 4척이므로 '間'을 '尺'으로 보아 해석하였다.

모습을 추정, 칸수를 계산하면 낙선재 영역은 총 72칸이고 석복헌 영역은 총 60칸 반, 수강재 영역은 총 98칸이다.[133] 당시에는 성종 9년(1478)에 정해진 건축규범[134]이 있었으므로 비교해 보고자 한다. 임금과 대왕대비는 품계를 갖지 않으므로 그들의 처소인 낙선재 영역과 수강재 영역의 총 칸수는 규범의 상한선인 60칸을 훨씬 넘는다. 빈의 품계는 정1품이고 건축규모의 상한선은 40칸이지만 석복헌 영역은 총 60칸 반으로 이 규범을 넘어선다. 하지만 임금의 주도하에 지어진 연조공간이고, 칸수의 제한은 중기 이후부터 잘 지켜지지 않았다[135]고 하니 가능했던 일이라고 본다. 여기서 주목할 점은 구조체의 규모이다. 주건물인 낙선재 · 석복헌 · 수강재의 기둥 높이[柱長]가 8척2촌 또는 8척3촌, 보간[過樑長]이 8척 또는 10척, 도리간[春樑長]이 8척으로 규범에서 정한 집들의 주건물 규모와는 비교가 안 될 만큼 작다. 오히려 부속건물[其餘間閣] 규정과 흡사한데 그중에서도 서인(庶人) 집의 부속건물 기둥높이인 8척에 가깝고 도리간의 경우 규정된 9척에도 못 미친다. 즉, 낙선재 일곽은 궁궐건축으로서 전체 칸수로는 거대한 규모이지만, 단일 건물들의 구조체 규모는 일반 백성도 지을 수 있는 것이었다. 이는 낙선재 일곽이 왕실 가족의 생활을 위한 공간으로 조영되었기 때

---

133) 장서각장본 『궁궐지』의 기록상으로 낙선재 영역은 총 74칸 반인데 이 중 낙선재와 석복헌의 연결채인 2칸 반은 후대 덧달아 낸 것이므로 총 72칸으로 보았다. 석복헌 영역은 총 60칸인데 후대 덧달아 낸 남 · 중행랑 3칸 반과 기록이 잘못되어 더해진 동행랑 1칸을 빼고 기록상 빠진 후원의 건물 5칸을 더하여 총 60칸 반으로 계산하였다(후술할 IV-2절의 2)항과 3)항 참조).

134) 『성종실록』 9년 8월 22일[辛亥] 기사: **大君家**六十間內, 正房 · 翼廊 · 西廳 · 寢樓竝前後退十二間, 高柱長十三尺, 過樑長二十尺, 春樑長十一尺, 樓柱長十五尺, 其餘間閣柱長九尺, 樑長 · 春樑長各十尺. **王子 · 諸君及公主家**五十間內, 正房 · 翼廊 · 別室竝前後退九間, 高柱長十二尺, 過樑長十九尺, 春樑長十尺, 樓柱長十四尺, 其餘間閣柱長 · 樑長各九尺, 春樑長十尺. **翁主及二品以上家**四十間, **三品以下**三十間內, 正房 · 翼廊竝前後退六間, 高柱長十一尺, 過樑長十八尺, 春樑長十尺, 樓柱長十三尺, 其餘間閣柱長 · 樑長各八尺, 春樑長九尺. **庶人家**舍十間內, 樓柱長十一尺, 其餘間閣柱長各八尺, 春樑長九尺, 竝用營造尺.

135) 서울특별시사편찬위원회, 『서울특별시사-고적편』, p.34.

문에 나타나는 특성이다.

2) 장서각장본 『궁궐지』와 「동궐도형」 비교

전술한 장서각장본 『궁궐지』의 기록과 「동궐도형」으로 건물들의 위치와
규모를 비교해 보았다. 건물들의 위치에 대한 기록은 '수강문'만 다르고 나
머지는 같다. 『궁궐지』에는 수강재 동행각 4칸에 수강문이 있다고 기록되
어 있는 반면 「동궐도형」에는 중행각의 중문(中門)에 '壽康門'(수강문)이라
고 표기되어 있다(〈그림 13〉의 ①). 어느 쪽이 맞는지 정확히 알 수는 없으나
수강재로 직접 통하는 문이 동행각의 문이므로 이 문이 수강문일 가능성
이 높다. 「동궐도」에 의하면 중수 전 수강재 영역에도 수강문이 있었다. 수
강재를 중수하면서 문의 위치는 변했지만 그 이름만은 그대로 사용하였다.
중수 전 수강문의 위치는 위의 두 사료의 기록과 달리 서행각이었으나 이
역시 수강재로 직접 통하는 문이었다. 따라서 수강재로 바로 들어가는 문
을 수강문이라 명명했다고 판단하여 『궁궐지』의 기록에 따라 현존하는 동
행각의 문을 '수강문'이라 부르고자 한다.

규모는 대부분 일치하였지만 네 가지의 차이점이 있다. 첫째, 『궁궐지』에
는 기록되어 있지 않지만 「동궐도형」에는 석복헌 후원에 5칸 규모의 건물이
그려져 있다(〈그림 13〉의 ②). 둘째, 석복헌의 도리간 규모가 『궁궐지』에는 6
칸으로 기록되어 있고 「동궐도형」에는 6칸 반으로 그려져 있다(〈그림 13〉의
③). 현재 석복헌의 도리간 규모는 6칸 반이다. 셋째, 수강재의 퇴칸이 『궁
궐지』에는 4척으로 기록되어 있는데 「동궐도형」에는 그 두 배인 1칸으로 그
려져 있다(〈그림 13〉의 ④). 현재 수강재의 퇴칸은 4척이다. 넷째, 석복헌 동
행각의 칸수가 『궁궐지』에는 7칸으로 기록되어 있는데 「동궐도형」 상으로는
6칸이다(〈그림 13〉의 ⑤). 현존 건물은 「동궐도형」의 그림대로이다.

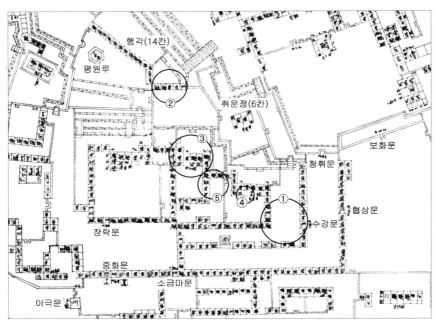

행각(14칸)

평원루

취운정(6칸)

보화문

청휘문

협상문

장락문

수강문

중화문

소금마문

이극문

○ : 「궁궐지」의 내용과 다른 부분

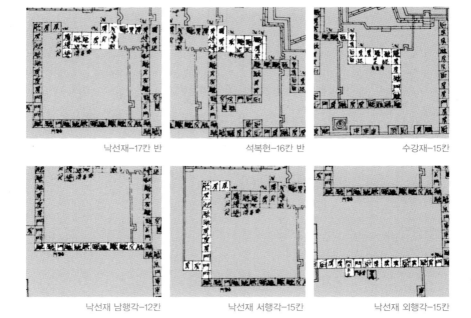

| 낙선재-17칸 반 | 석복헌-16칸 반 | 수강재-15칸 |

| 낙선재 남행각-12칸 | 낙선재 서행각-15칸 | 낙선재 외행각-15칸 |

〈그림 13〉 『궁궐지』와 비교한 「동궐도형」

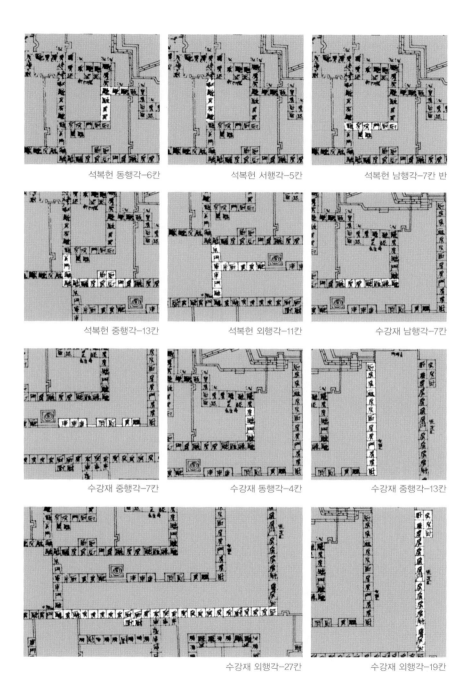

석복헌 동행각-6칸

석복헌 서행각-5칸

석복헌 남행각-7칸 반

석복헌 중행각-13칸

석복헌 외행각-11칸

수강재 남행각-7칸

수강재 중행각-7칸

수강재 동행각-4칸

수강재 중행각-13칸

수강재 외행각-27칸

수강재 외행각-19칸

제작 시기가 비슷한 두 사료의 기록은 대부분 일치하였다. 위에서 살펴본 차이점들은 현존 건축물을 기준으로 본다면 어느 한쪽의 오기인 듯 보인다. 수강문의 위치에 대한 기록과 건물들의 규모를 비교한 셋째 항의 경우『궁궐지』의 기록이, 첫째, 둘째, 넷째 항의 경우「동궐도형」의 기록이 맞는 것으로 추정한다.

3)「동궐도형」과 배치도 비교

「동궐도형」과 배치도를 건물의 위치, 규모, 실의 기능, 정원이라는 네 가지 측면에서 비교하였다.

첫째, 건물들의 위치는「동궐도형」과 배치도가 같다.

둘째, 건물들의 규모는 차이가 있다. 우선 없어진 행랑들이 많은데 현존하는 낙선재 일곽은 〈그림 14〉의「동궐도형」에 표시하였다. 이 가운데에서도 변한 부분이 있는데 낙선재 북행랑 3칸(〈그림 14〉의 ㉠)이 없어졌고 석복헌 후원의 5칸 규모의 건물(〈그림 14〉의 ㉡)도 없어졌다. 이 자리엔 현재 한정당이 있다.

석복헌 남행랑의 '廳'(청) 1칸 반(〈그림 14〉의 ㉢)과 석복헌 중행랑의 '廚' (주) 2칸(〈그림 14〉의 ㉣)은 복원공사 때에「동궐도형」과 같이 복원하려 했으나 원래의 건물에 덧달아 내지 않고서는 만들어질 수 없는 칸이기 때문에 조영 당시의 것이 아닌 것으로 결정하고 복원하지 않았다고 한다.[136]

낙선재 서행랑은 철거되고 1929년에 지어진 신관이 대신했었는데 복원공사로 조영 당시의 모습을 찾아 서행랑이 다시 영건되었다. 현대식으로 개수되어 있었던 석복헌과 수강재의 행랑들도 복원되었다.

---

136) 복원공사 당시 문화재관리국 궁원관리과 이만희 기사와의 대담.

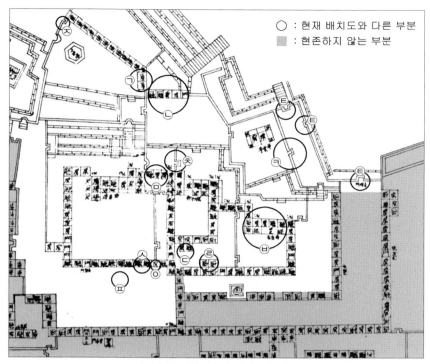

○ : 현재 배치도와 다른 부분
▨ : 현존하지 않는 부분

〈그림 14〉 배치도와 비교한 「동궐도형」

복원공사 중 낙선재와 석복헌의 연결채 2칸 반(〈그림 14〉의 ㉢)이 철거되었다. 이 부분이 「동궐도형」에 그려져 있었음에도 불구하고 철거된 이유는 영건 후 덧달아 낸 실들로 추정되었기 때문이다. 낙선재와 석복헌의 연결채가 조영 당시의 것이 아닌 이유는 다음과 같다.

낙선재와 석복헌의 도리는 모두 밖으로 돌출되어 끊어진 상태였다. 연결채의 굴도리는 낙선재와 석복헌의 도리 아래에 붙어 있었다.
연결채 안에 있었던 낙선재와 석복헌의 초석과 기단이 잘 다듬어져 있었다.

낙선재의 부연과 평고대가 연결채의 지붕 속에 그대로 있었다.

석복헌의 추녀가 끝이 잘려진 채로 연결채의 지붕 속에 있었다.

연결채의 목재가 낙선재 · 석복헌 · 수강재의 것과 달랐다.

만약 이 연결채가 낙선재 일곽 조영 당시의 것이라면 낙선재와 석복헌의 도리가 연결채까지 이어져야 한다. 또 부연 대신 회첨부연을 사용하고 회첨추녀를 걸어서 마감해야 한다. 초석과 기단도 다듬은 돌을 사용하지 않았을 것이다.[137]

「동궐도형」에는 수강재 앞퇴가 현재의 두 배, 즉 1칸으로 그려져 있고 그에 면한 실들의 보간도 1칸으로 되어 있다. 퇴 안에 4척이라 적혀 있고 전체 칸수가 지금과 같은 것으로 보아 실과 퇴를 나눠 그릴 때 반 칸을 실 쪽으로 더 들여 그린 듯하다. 수강재의 '廚'(주)는 2칸으로 그려져 있으나 현재 1칸 반이고 그 북쪽에 면한 방은 1칸으로 그려져 있으나 지금은 1칸 반이다(〈그림 14〉의 ㅂ).

셋째, 실의 기능은 복원 후 대부분 일치한다. 단, 「동궐도형」에 그려진 낙선재 남행랑의 청 2칸(〈그림 14〉의 ㅅ)이 현재는 방으로, 방 1칸(〈그림 14〉의 ㅇ)이 현재는 청으로 되어 있다.

넷째, 옥외공간의 차이점은 화계와 담장, 문, 우물이다. 화계의 차이점은 IV-5절의 '후원 · 화계'항에서 고찰한다. 「동궐도형」에 그려진 평원루 북쪽의 합문(閤門)(〈그림 14〉의 ㅈ)과 석복헌 후원의 담장과 합문(〈그림 14〉의 ㅊ), 취운정의 동쪽 담장과 합문(〈그림 14〉의 ㅋ), 그리고 3개의 합문(〈그림 14〉의 ㅌ)이 현재 없다. 「동궐도형」상에는 우물 하나가 수강재 남행랑 밖에 위치하는데 지금은 이것 외에 낙선재 남행랑 밖에도 있다(〈그림 14〉의 ㅍ). 앞에서 살펴본 바와 같

---

137) 복원공사 당시 문화재관리국 궁원관리과 이만희 기사와의 대담.

이 낙선재 일곽은 조영 후 세 번 정도 보수공사를 거치는데 그중 두 번이 「동궐도형」이 그려진 이후이기 때문에 지금의 옥외공간이 기록과 다른 것이다.

4) 장서각장본 『궁궐지』와 배치도 비교

장서각장본 『궁궐지』와 배치도의 보간[樑間], 도리간(道里間), 퇴칸의 폭을 비교한다. 『궁궐지』의 기록으로는 낙선재의 보간이 8척, 도리간이 8척이고 앞퇴의 폭이 4척이다. 석복헌의 보간은 10척, 도리간은 8척, 앞·뒤퇴의 폭이 모두 4척이다. 수강재는 석복헌과 같다. 그러나 현재 석복헌과 수강재의 보간은 2척씩 작은 8척이다. 퇴의 폭은 모두 4척으로 『궁궐지』의 기록과 같지만 낙선재에는 현재 뒤퇴도 있다.

『궁궐지』에 기록된 주건물과 행랑의 칸수는 현존 건물의 상태를 고려하여 정한 칸수와는 차이가 난다. 석복헌과 수강재 영역의 주건물과 행랑의 구분을 『궁궐지』와 다르게 〈그림 15〉와 같이 규정한 이유는 다음과 같다. ①과 ②에서 기단이 낮아져 아래쪽 건물 전체가 낮게 연결된다. ①과 ②를 경계로 위쪽은 소로수장집이고 아래쪽은 그보다 격이 낮은 민도리집이다. 위쪽은 막새기와를 사용했으나 아래쪽은 사용하지 않았다. 그러므로 ①·②를 경계로 위쪽은 석복헌이고 아래쪽은 행랑이다. 수강재는 서온실에서 석복헌까지 연결되어 있다. 수강재 누(樓)가 ③에서 바닥이 높아지고 여기 문이 달렸다. ③의 마루 아래는 석복헌 동측면의 외벽이다. 그러므로 ③의 동쪽은 수강재이고 서쪽은 석복헌이다. 수강재 동온실의 다락이 ④까지이다. ①·②와 마찬가지로 ④를 경계로 건물의 높낮이가 달라지고, 위쪽은 소로수장집에 막새기와를 올렸고 아래쪽은 민도리집에 막새기와를 사용하지 않았다. 그러므로 ④의 위쪽은 수강재이고 아래쪽은 행랑이다. 이상의 내용을 바탕으로 주건물과 행랑을 구분하고 칸수를 계산하면 〈그림 15〉와

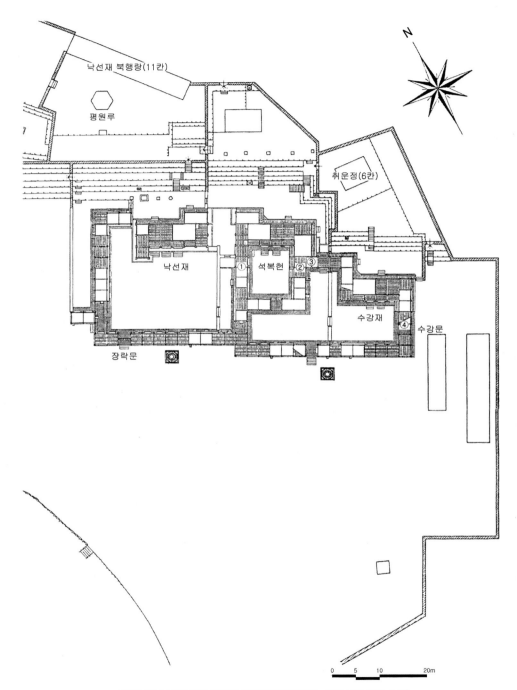

낙선재 북행랑(11칸)

평원루

취운정(6칸)

N

낙선재

석복헌 ① ② ③

수강재 ④ 수강문

장락문

0 5 10 20m

〈그림 15〉 낙선재 일곽 배치도 (출처:삼풍종합건축, 화계 부분 필자 수정)

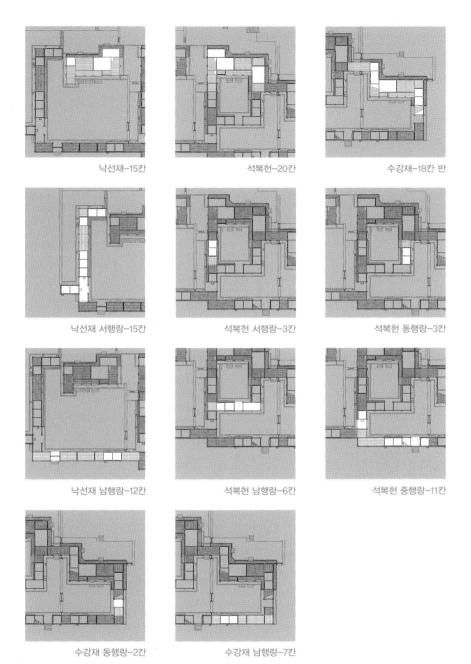

낙선재-15칸

석복헌-20칸

수강재-18칸 반

낙선재 서행랑-15칸

석복헌 서행랑-3칸

석복헌 동행랑-3칸

낙선재 남행랑-12칸

석복헌 남행랑-6칸

석복헌 중행랑-11칸

수강재 동행랑-2칸

수강재 남행랑-7칸

같다. 앞으로 이 배치도를 기준 도면으로 사용한다.

5) 「동궐도형」을 통한 배치 분석

낙선재 일곽의 배치를 「동궐도형」을 보며 분석한다. 단, 영건 후 덧달아낸 것으로 추정되어 현재 철거된 부분은 「동궐도형」 상에서 없는 것으로 보았다.

낙선재 일곽의 주건물과 평원루는 모두 축좌미향(丑坐未向)하였고, 행랑들은 미좌축향(未坐丑向) 또는 진좌술향(辰坐戌向), 술좌진향(戌坐辰向)하였다. 이 좌향에서 벗어난 건물은 낙선재 북행랑[간좌곤향(艮坐坤向)과 인좌신향(寅坐申向) 사이]과 취운정(자좌오향, 子坐午向)뿐이다. 따라서 낙선재 일곽 전체로 본다면 축좌미향(丑坐未向), 즉 남쪽에서 서쪽으로 30도 정도 기운 남서향 집이다.

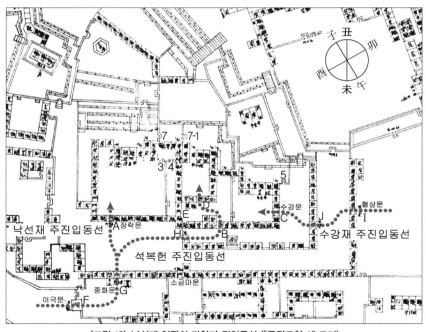

〈그림 16〉 낙선재 일곽의 좌향과 진입동선 (「동궐도형」에 표기)

낙선재 일곽은 낙선재 영역과 석복헌 영역, 수강재 영역으로 구분되는데 각 영역은 낙선재·석복헌·수강재라는 주건물을 중심으로 안마당과 행랑들, 후원으로 이루어졌다.

〈그림 17〉 소주합루 옆 낙선재 영역

낙선재는 헌종이 사용했던 편전들과 가까운 위치인 대지의 서쪽에 배치되었다. 더욱이 낙선재 영역에서 바로 중희당 일곽으로 진입할 수 있게 중희당 일곽과 접하여 위치한다. 현재 중희당은 없으나 이 일곽의 서고인 소주합루(승화루) 영역이 낙선재 영역과 담장 하나로 구분되어 있다. 낙선재 동쪽에 배치된 석복헌은 후궁이 임금과 대왕대비를 가까이에서 모실 수 있게 낙선재와 수강재 사이에 영건되었다. 석복헌과 연결된 수강재는 가장 동쪽에 위치하여 왕후들을 위한 궁궐이며 연조공간이 발달한 창경궁과 바로 통한다. 특히 석복헌과 수강재 후원의 동산에는 창경궁 쪽으로 문이 나 있어 내전인 통명전 일곽으로의 진입이 유리하다. 낙선재 후원의 동산에는 이쪽으로 향하는 문은 없고, 편전으로 사용한 중희당 일곽으로 출입할 수 있는 문만 있다. 사용자에 맞게 건물을 배치하고 문을 냈음을 알 수 있다.

낙선재와 석복헌, 수강재의 둘레엔 행랑들이 이어져 있는데 가장 안쪽에 석복헌만을 감싸는 행랑이 있고, 바깥쪽으로 석복헌과 수강재를 함께 두르는 행랑이 두 겹 있다. 이 행랑 사이에는 우물이 있고 동쪽의 2칸이 측간이다. 낙선재 영역에는 측간이 없는데 임금은 변소 출입을 하지 않고 매우(梅雨)틀[138]이라는 변기를 사용했기 때문이다. 우물이 있는 행랑 바깥쪽으로 낙

---

138) 김용숙, 앞의 책, p.161.

〈그림 18〉 낙선재 일곽 앞마당 (현재)

선재와 석복헌, 수강재를 모두 감싸는 행랑이 있고 이 행랑채의 중문이 중화문이다. 중화문 동쪽으로 소금마문이 있고 서쪽으로 이극문이 있다. 주건물들이 수많은 행랑과 담장으로 겹겹이 둘러싸여 있었음을 알 수 있다. 지금은 여러 겹의 행랑채들이 없어져 구중궁궐(九重宮闕)이라는 궁궐건축의 묘미를 느낄 순 없지만 넓게만 느껴지는 낙선재 일곽 앞마당을 상상력으로 채워 머릿속으로나마 조영 당시의 공간을 그려본다.

여성의 거처인 석복헌과 수강재에 더 많은 행랑들이 둘러싸여 있는데, 특히 석복헌은 왕세자를 잉태할 경빈의 처소인 만큼 더욱 보위적인 배치를 하고 있다. ㄷ자형 건물 좌우로 행랑이 이어져 ㅁ자형 평면이 한 영역을 이루고 그 둘레를 행랑과 담장이 보호하듯 에워싸고 있다. 석복헌의 마당은 낙선재와 수강재 마당에 비하여 좁지만 낙선재 일곽에서 가장 깊고 아늑한 공간이다. 공간감은 다르지만 창경궁 양화당의 동쪽에 위치한 영춘헌 · 집복헌도 ㅁ자형 평면으로 구성되어 있다. 양화당은 임금이 쉴 때, 독서를 할 때 사용하던[139] 연조공간의 한 건물로 추정한다. 영춘헌은 주건물 뒤쪽에 안마당이 있는 반면, 연결채인 집복헌은 석복헌과 같이 앞쪽에 안마당이 있으며 용도도 흡사하고 이름 또한 비슷하다. 집복헌은 영조 11년(1735) 장헌세자가 탄생하고, 정조 14년(1790) 순조가 탄생한 곳이다.[140] 장헌세자의

---

139) 문화부 문화재관리국, 『동궐도』, p.110.
140) 『궁궐지』, 서울사료총서 제3권, p.104.

어머니는 왕자녀를 생산한 후 빈으로 책봉된 영빈이씨(暎嬪李氏)이고, 순조의 어머니는 정조가 후사가 없어 왕비를 두고 맞아들인 수빈박씨(綏嬪朴氏)이다. 즉, 집복헌도 석복헌과 같이 빈의 처소였던 것이다. 그러므로 건물의 평면형태가 보위적인 공간을 만드는 ㅁ자형이다. 장차 왕세자가 탄생하길 기대하며 계획된 석복헌은 ㅁ자 안마당을 품은 형상으로 낙선재 일곽의 한가운데에 위치하여 그 중요성과 상징성을 잘 보여주고 있다.

석복헌과 수강재와는 달리 낙선재는 행랑이나 주건물과 연결되어 있지 않은 독립건물이다. 또한 장락문(長樂門)을 들어서면 날 듯한 처마선과 함께 낙선재의 전경이 한눈에 들어오게 계획되었다. 낙선재 뒤로는 우뚝 솟은 평원루의 모습까지 보인다. 이로써 낙선재는 당당하고 독보적이며 강한 이미지를 갖는다. 석복헌과 수강재의 마당에서 느끼는 공간감과는 대조적이다. 낙선재와 흡사한 배치를 하고 있는 건물이 1890년에 영건된 경복궁 함화당인데 평면 모양, 실의 구성, 구조체의 규모, 돌출된 누 등이 낙선재를 보고 지은 듯 닮았다. 낙선재 후원이 빼어나듯 함화당에도 아름다운 후원인 향원지(香遠池)와 향원정(香遠亭)이 있다. 집주인이 남성인 낙선재에 주련

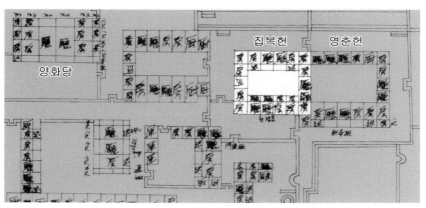

〈그림 19〉 영춘헌 · 집복헌 배치 (「동궐도형」)

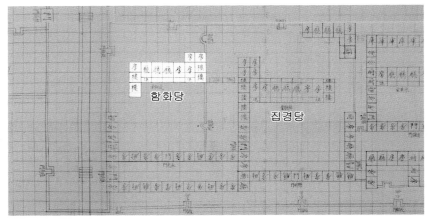

〈그림 20〉 함화당 · 집경당 배치 (『북궐도형』)

이 걸리고 그 곁에 세연지(洗硯池)가 있는 것과 같이 함화당에도 아름다운 글 귀의 주련들과 '荷池'(하지)라고 새긴 세연지가 있다. 헌종의 공간인 낙선재 와 공통점이 많은 것으로 보아 연조공간 중에서도 고종과 관련이 있는 곳 으로 보인다. 함화당과 같은 다른 연조공간의 건물을 지을 때 낙선재가 본 보기가 되었을 가능성이 높다. 낙선재가 이후 지어진 궁궐건축과 주거건축 에 어떤 영향을 주었는지 관련 연구가 이루어지길 바란다.

낙선재 일곽은 각 영역이 담장이나 행랑으로 구분되어 있어 독립성을 갖 는다. 영역별로 진입동선도 다르다(〈그림 16〉 참고[141]). 낙선재 일곽의 대문으 로 추정하는 이극문(F)을 지나 중화문(G)으로 들어서면 바로 앞의 장락문(A) 으로 들어갈 수 있고, 우측 행랑채에 조영된 중문(H)으로도 들어갈 수 있다. 전자의 진입동선은 낙선재에 이르는 길이고 후자는 석복헌에 이르는 길이 다. 석복헌으로 들어가기 위해서는 다시 석복헌 중행랑의 중문(B)과 남행랑

---

141) 동선의 설명을 위해 〈그림 80〉과 동일한 문의 기호를 사용하였다.

①낙선재
②함화당
③평원루
④향원정
⑤함화당의 세연지

〈그림 21〉 낙선재와 함화당

의 중문①을 거쳐야 한다. 석복헌에 이르기 위해 통과해야 하는 문들은 일
직선상에 있지 않아 출입자의 시선으로부터 거주자의 생활을 보호한다. 특
히 중문B와 D는 좌향이 같으면서도 같은 축 상에 있지 않아 문이 모두 열
려 있다 하더라도 중문B 밖 우물터가 있는 마당에서 석복헌의 안마당을 볼
수 없다. 수강재는 동쪽의 협상문①으로 들어가 중문①을 지나 수강문①에
들어서면 이를 수 있다. 이 세 개의 문들도 석복헌과 마찬가지로 같은 축
상에 있지 않다. 더욱이 수강문이 동행랑에 위치하여 문을 들어섰을 때 정
면으로 수강재가 아닌 담장이 보이게 계획되었다. 석복헌과 수강재 중문들
의 이 같은 배치는 여성이 집주인이기 때문에 행해진 건축계획이다. 곳곳
에 중문과 합문이 있어 다른 방법으로도 진입할 수 있으나 위에서 고찰한
방법이 주진입동선이라고 추정한다.

낙선재와 석복헌, 수강재 뒤에는 동산 위까지 후원이 조성되어 있다. 주건물과 거리를 두고 화계를 쌓고 화계 위 동산에는 누 등을 세워 조망할 수 있게 하였다. 후원도 역시 주건물별로 셋으로 나뉘는데, 연접하는 공간들을 담장과 부속건물을 이용하여 구분하고 각각의 진입동선을 달리하여 독립성을 지니게 하였다. 화계와 건물 뒤의 공간은 선경(仙境)과도 같이 아름답게 꾸며진 동산 아래의 후원이다. 경사지를 화계로 만들고 석분과 굴뚝, 담장 등으로 장식한 것은 경복궁 교태전 후원인 아미산(峨嵋山)과 창덕궁 대조전 후원, 창경궁 통명전 후원과 흡사한 점이다. 당시의 상류주택의 후원[142]에서도 이러한 모습이 보인다. 낙선재 일곽의 후원은 궁궐과 상류주택의 보편적인 정원 조성 기법을 따랐으나 화계와 어우러지는 굴뚝과 담장 등의 구성미가 한층 뛰어나다. 특히 낙선재의 후원은, 화계 위에 꽃담이 설치되고 아래에 괴석과 세연지가 배치되는 등 다른 후원보다 잘 꾸며져 있다.

　　후원은 주인이 방 안에서 창의 머름대만 넘으면 쉽게 닿을 수 있는 곳이지만 외부인이 들어가기 위해선 여러 개의 문을 거쳐야 한다. 낙선재 마당에서 후원으로 가려면 3을 거쳐 7로 들어가야 한다. 현재의 이 동선은 석복헌 후원을 지나가게 되어 있다. 합문7-1과 담장이 현존하지 않아 3으로 들어가면 바로 석복헌 후원에 닿아버리는 것이다. 낙선재 일곽은 주건물별로 세 영역으로 명확하게 구분되어 있고 주건물, 안마당, 후원으로의 이동이 자신의 영역 안에서 이루어질 수 있게 계획되었다. 하지만 합문7-1과 담장이 없어진 지금은 당시의 건축내용을 읽기에 어려움이 있다. 합문7-1과 담장은 영역별 독립성을 위해 의도된 건축물이었다.

　　석복헌 마당에서 후원으로 가려면 먼저 중문인 D로 나와 E를 지나 4로

---

142) 주남철, 『한국주택건축』, 일지사, 1980, p.249 참조.

들어간 후 7-1을 지나야 한다. 수강재 마당에서는 중문인 C로 나와 5로 들어가야 후원이다. 주건물 뒤에 마련된 후원이 각 건물의 주인들에게는 진입이 편리한 반면, 외부인에게는 폐쇄적이어서 그곳이 사적인 공간임을 말해주고 있다. 더욱이 같은 후원이라도 석복헌 후원으로의 접근이 더 어렵다. 왕세자를 낳을 경빈의 공간인 만큼 사생활 보호에 신경을 많이 쓴 계획이다.

동산 위 후원은 전술한 후원과는 달리 주변으로 확장되는 공간으로서 잘리지 않은 하늘을 만날 수 있는 넓게 트인 곳이다. 낙선재 일곽과 주변은 물론 멀리 남산까지 조망이 가능한 이 동산 위에는 누와 정자를 배치하여 개방적이고 활달한 후원을 조영하였다. 이곳에 영건된 건물들은 평지에 조영된 주거와는 달리 건물 수도 적을 뿐 아니라 좌향과 평면 모양이 모두 달라 보다 자연스러운 공간을 만든다.

낙선재 일곽은 전체적으로 자유로운 배치이다. 대부분의 건물이 남북과 동서를 연결하는 정연한 격자틀 속에 배치되었지만 엄격한 형식으로부터 벗어나 변화가 풍부한 공간들을 만든다. 세 개의 주건물이 옆으로 나란히 늘어서 중심축이 사라진 점과 형식에 얽매이지 않은 다양한 평면의 조합은 통치자의 위엄이 표출되어야 하는 정전이나 편전 등의 건물에서는 볼 수 없는 배치로 낙선재 일곽이 연조공간으로 조영되었기에 가능했던 것이다.

6) 배치평면도를 통한 평면 분석

낙선재 일곽의 주건물들은 평면의 구성요소가 같다. 모두 온돌방과 다락, 청(廳),[143] 툇마루, 누(樓), 퇴선간(退膳間)으로 되어 있다. 다락(아래 퇴선간)이

---

143) 구들을 놓지 않고 바닥이 마루로 되어 있는 실명(室名)을 「동궐도형」의 기입대로 '廳(청)이라 부르고자 한다. 단, 주건물의 가운데에 위치하는 3칸의 청은 '대청(大廳)'이라 지칭한다.

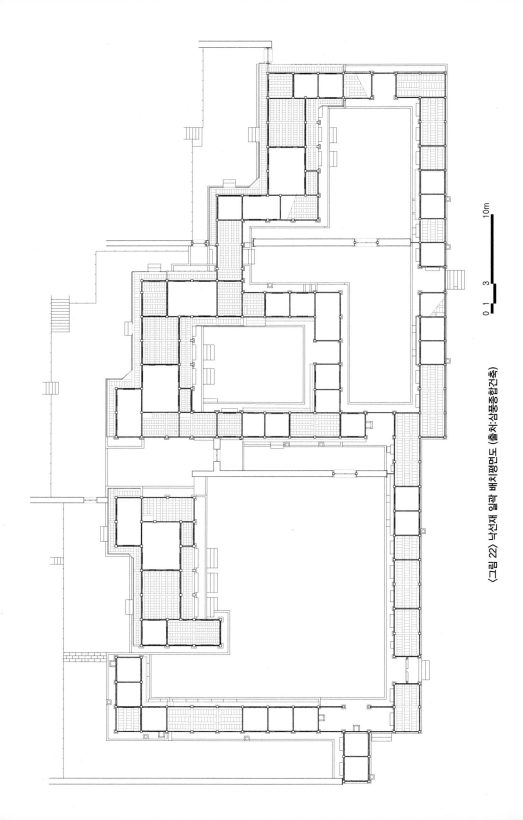

〈그림 22〉 낙선재 일곽 배치평면도 (출처:삼풍종합건축)

10m

3

0 1

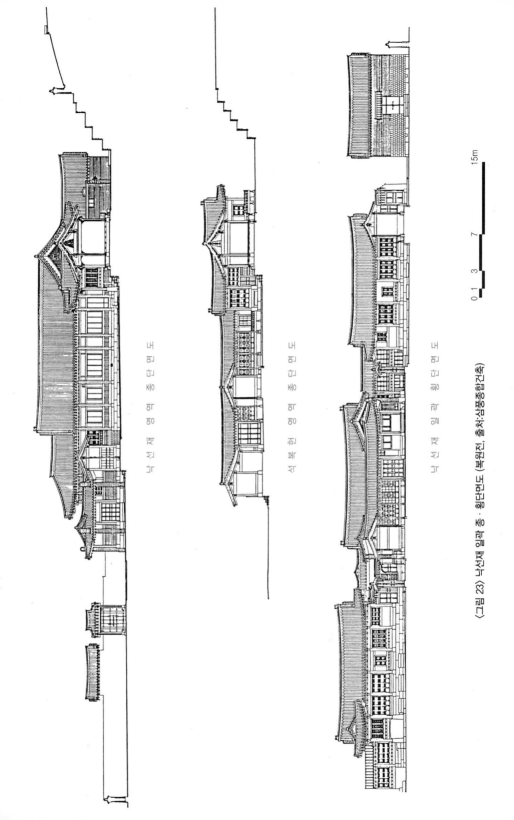

낙 선 재 영 역 종 단 면 도

석 복 헌 영 역 종 단 면 도

낙 선 재 일 곽 횡 단 면 도

〈그림 23〉 낙선재 일곽 종ㆍ횡단면도 (복원전, 출처:삼풍종합건축)

15m

7

0 1 3

있는 온돌방 3칸과 대청 3칸을 기본으로, 또 다른 온돌방이 있고 퇴가 달리고 청이나 누가 연결되었다.

허유는 『소치실록』에 낙선재에 있는 헌종의 방에 대해 기술하였다. '……서 있으란 곳에 서 있었지요. 거기가 바로 동온실의 서북쪽 모퉁이었읍니다.…… 동쪽 벽 아래 세 겹의 병풍 앞이 바로 옥좌였읍니다.'[144] 헌종의 옥좌가 있었다는 곳은 다락이 있는 동쪽 온돌방인데 북쪽으로 또 다른 온돌방이 연이어 있고, 삼중창 밖의 툇마루에는 방풍과 보안을 위한 이중창이 설치되어 있다. 실들 가운데 위치하는 이곳이 헌종의 침실이다. 현존하는 연조공간인 경복궁의 자경전 일곽 · 함화당 · 집경당 · 재수각과 창덕궁의 대조전 일곽, 창경궁의 경춘전 · 환경전 · 통명전 · 양화당 · 영춘헌의 온돌방들도 창밖에 퇴가 있고 그 퇴에 또 창이 달려 있다. 침실이 외부와 직접 면하는 것을 막기 위한 이러한 평면은 방한과 동시에 거주자의 생활을 보호하기 위한 계획이다. 낙선재 일곽에서 이런 구성의 공간은 낙선재뿐만 아니라 석복헌과 수강재에서도 볼 수 있다. 석복헌의 서온실과 수강재의 서온실이 그것이다. 헌종의 침실이 양의 방향인 동온실인 것으로 보아경빈김씨와 순원왕후의 침실은 음의 방향인 서온실이다. 현재 낙선재 동온실과 석복헌 · 수강재의 서온실은 3칸이 하나의 방처럼 되어 있으나 원래는사이에 미닫이문이 있었고 안쪽의 방이 침실이었을 것이다. 낙선재 동온실사이의 문은 〈그림 47〉에서 확인할 수 있다. 시간이 흐르면서 '침실'의 위상이 옅어지고 생활의 편리가 중시되어 중간의 문이 없어진 것이라고 생각한다. 정리하면 헌종 · 경빈 · 순원왕후의 침실은 동 · 서온실 중에서도 안쪽의 방이며 침실이기에 정면에 드러나지 않고 실들에 감싸인 보위적인 평

---

144) 허유, 앞의 책, p.21(원문: p.170).

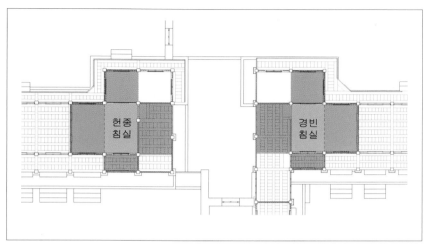

〈그림 24〉 낙선재 동온실과 석복헌 서온실 (바탕도면출처:삼풍종합건축)

면 구성을 하고 있다. 특히 낙선재와 석복헌의 침실은 똑같은 평면에 좌우
만 바뀐 형상으로 마주하고 있는데 대조전의 동온실·서온실과 흡사하다.
낙선재의 동온실과 석복헌의 서온실은 대조전의 침실이 井자형 평면, 즉 9
개 방의 가운데에 위치한 것과 같이 네 면이 모두 실로 둘러싸여 있다.

주건물의 침실은 모두 다락과 면하게 계획되었고 다락 아래는 부엌 같은
공간이다. 「동궐도형」에 '厨'(주)라고 표기된 이곳들이 중간 부엌의 역할을
하는 퇴선간이라고 추정한다. 석복헌 남행랑의 남동 모서리 기둥에는 '退膳
間'(퇴선간)이라고 쓴 나무 팻말이 걸려 있다. 궐내에는 소주방(燒廚房)이 따로
마련되어 있었기 때문에 낙선재 일곽에는 음식을 만드는 부뚜막 있는 부엌
은 없고, 소주방에서 마련한 음식을 가지고 와서 화덕에 데워 상을 차리거
나 상을 물리는 퇴선간만 있는 것이다. 주건물의 다락 밑 외에도 중문 옆
에 세 곳의 퇴선간이 더 있는데 석복헌 남행랑의 중문 동쪽(퇴선간 팻말이 걸
린 곳), 중행랑의 중문 서쪽, 수강문 북쪽의 칸이 그것이다. 주건물의 퇴선간

〈그림 25〉 석복헌 남행랑의 퇴선간

세 곳과 석복헌 중행랑의 퇴선간에는 접한 온돌방의 난방을 위해 아궁이가 있고 나머지 두 곳에는 없다.

낙선재가 석복헌·수강재와 다른 점 중 하나는 누의 성격에 있다. 석복헌과 수강재가 연결되는 부분인 누는 주위공간이 협소하고 눈에 잘 띄지 않는 곳에 계획되어 내향적이다. 이에 반해 낙선재의 누는 마당을 향해 돌출되어 있어 방문객의 눈에 제일 먼저 들어온다. 낙선재의 누 안에서는 마당과 남행랑, 서행랑을 모두 내다볼 수 있다.

낙선재 누 아래와 수강재 누 아래의 성격도 달라 살펴보고자 한다. 낙선재 누 아래는 보이는 부분임을 강조한 계획을 하였다. 낙선재 누의 아래엔 기단 위로 아궁이를 가려주는 역할의 화방벽이 있는데 단순하고 세련된 디자인으로 낙선재를 찾은 사람의 시선을 멈추게 한다. 반면, 수강재의 누 밑은 정면에 골판문(骨板門)[145]이 달려 있고 시선을 끌 만한 장식은 없다. 문을 단 것은 여성의 공간인 이곳이 눈에 띄는 것을 지양한 계획이다.

---

145) 골판문: 문 울거미를 짠 후 그 사이에 청판을 끼운 것(주남철, 『한국건축의장』, 일지사, 1985, p.71).

수강재 누의 아래는 나란히 있는 두 개의 골판문으로 인해 실(室)같이 보이지만 배면엔 벽도 문도 없이 뚫려 있다. 아궁이도 없어 아궁이실 역할도 하지 않는 공간인데 정면에만 문이 달려 있는 것이다. 이 문을 열면 각각 석복헌 후원과 수강재 후원으로 통한다. 보통은 이런 경우 누 밑을 막지 않아 건너편도 보이게 하고 통행도 가능케 한다. 군이 이곳에 문을 단 이유는 안쪽이 들여다보여 시선을 끄는 것을 막는 동시에 후원을 사적이면서 독립적인 공간으로 만들기 위해서이다. 더욱이 석복헌 영역과 수강재 영역을 구분하는 담장이 연장된 듯, 누 아래 공간은 가운데 벽으로 이등분되어 있고 벽의 끝은 석복헌 후원과 수강재 후원을 구분하는 합문에 닿는다. 따라서 합문과 함께 누 아래 골판문까지 닫으면 후원은 '나만의 공간'이 된다. 수강재 누 아래는 외부공간까지도 거주자의 생활을 보호하기 위해 세심하

정면   석복헌 쪽 골판문   수강재 쪽 골판문   두 문의 바닥면

배면   수강재 쪽   석복헌 쪽

〈그림 26〉 수강재 누 아래

게 계획되었다는 것을 잘 보여준다.

수강재 누 아래의 석복헌 쪽 골판문은 바닥이 지면보다 낮아 문 높이가 1,480mm로 출입에 불편이 없다. 하지만 수강재 쪽은 문 높이가 1,090mm 밖에는 되지 않아 출입이 어렵다. 따라서 수강재 쪽의 골판문은 출입문의 기능보다는 시선차단의 기능이 큰 듯 보인다. 앞의 5)항에서 고찰하였듯이 주건물의 안마당에서 건물을 통과하지 않고 후원에 가려면 낙선재와 수강재는 최소 2개의 문을 거쳐야 하고 석복헌은 4개의 문을 거쳐야 한다. 하지만 석복헌 쪽의 골판문이 출입문 역할을 해준다면 석복헌에서도 2개의 문(중문D와 골판문)을 거쳐 후원에 이를 수 있다. 지면을 파고 만든 이 문이 석복헌 후원으로의 사적인 지름길을 만들어주었다.

『소치실록』에는 낙선재 행랑에 관한 기록이 있다. 허유가 '……고조당[古藻堂: 당(堂)은 낙선재의 앞과 좌우 3면을 두르고 있는 것으로 서화를 많이 간직하고 있었음]……'[146]이라고 기술한 곳이다. 고조당이란 낙선재를 두르고 있는 남행랑과 서행랑이라고 추정한다. 허유는 고조당이 앞과 좌우에 있다고 하였으나 좌, 즉 동쪽은 담장이므로 그 너머 석복헌의 서행랑을 보고 기술했을 가능성이 있다. 낙선재에 있는 동안 허유는 낙선재의 서북쪽 처마 끝인 '별대령소(別待令所)'에 머물면서[147] 창밖으로 헌종을 본 것도 기술하였다. '……창을 조금 열고 우연히 밖을 내다보았더니, 상감께서 대령 하나를 거느리고 고조당에 들어가시어 화갑을 내어 처마를 따라오시고 계셨습니다.'[148] 여기서의 별대령소는 서행랑의 북쪽 끝인 온돌방으로 추정한다. 여기서 창을 통해 내다보면 우측으로 서행랑을 볼 수 있고 정면으로 남행랑의 일부도 볼 수 있다.

---

146) 허유, 앞의 책, p.18(원문: p.169).
147) 허유, 앞의 책, p.23(원문: p.171).
148) 허유, 앞의 책, p.26(원문: p.172).

한정당 자리에 있었던 석복헌 후원의 전각은 방 2칸과 청 2칸, 창경궁으로 통하는 문 1칸으로 되어 있었다. 수강재의 후원에는 숙종연간 영건된 취운정이 있다. 이 건물은 온돌방을 중심으로 사방에 퇴가 달린 정자이다. 전망 좋은 동산 위에 위치한 정자에서 사계절의 정취를 모두 즐길 수 있게 온돌방과 마루로 구성된 것이다.

낙선재 일곽은 연조공간으로서 거주자의 사생활 보호에 주안점을 두고 계획되었다. 이러한 점은 주건물의 침실 계획에서 두드러지게 나타난다. 일정한 형식이나 틀이 요구되는 내전의 주요 전각과는 달리 보다 자유로운 평면 구성을 하고 있지만 사적인 공간을 만든 수법은 체계적이며 계획적이다.

3. 구조체

『임원경제지』에서는 유호(喩皓)의 글을 인용하여 가옥을 입면 상에서 나누어 서술하였다. '[옥삼분(屋三分)] 무릇 가옥에는 삼분(三分)이 있다. 들보 이상은 상분(上分)이요, 땅(원주: 건물바닥) 이상은 중분(中分)이요, 기단은 하분(下分)이다…….'[149] 이 절에서는 구조체의 고찰을 용이하게 하기 위하여 건물을 위의 방법을 참고하여 삼분한다. 먼저 하분인 기단을 초석까지 포함하여 고찰한다. 중분은 건물의 몸통 부분을 말한다. 여기서는 중분을 만들어내는 기둥과 창방, 도리, 보 따위의 가구재와 가구법을 삼풍종합건축에서 제작한 도면 등을 참고하여 고찰한다. 끝으로 상분은 지붕이므로 서까래부터 용마루까지를 고찰한다.

---

149) 서유구, 〈임원경제지〉, 역자: 김성우 · 안대회, 『건축과 환경』, 1987.8, p.124: 제9편 〈섬용지〉의 영조지제(營造之制) 척도(尺度)조.

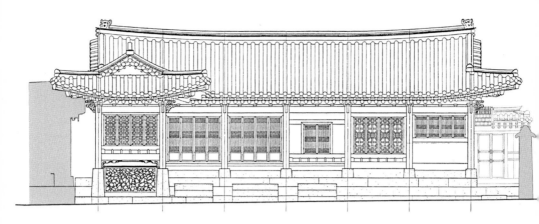

낙 선 재 정 면 도

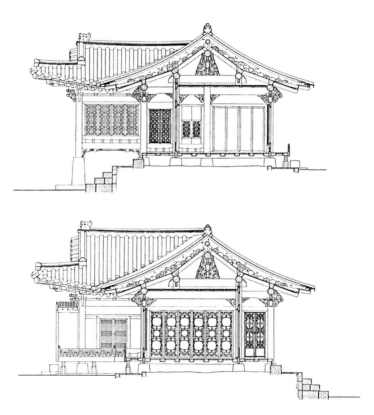

낙 선 재 종 단 면 도

〈그림 27〉 낙선재 입·단면도 (출처:삼풍종합건축)

0 0.4 1   3m

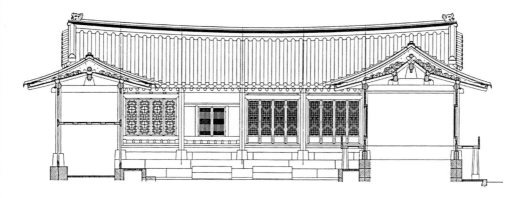

석 복 헌 정 면 도

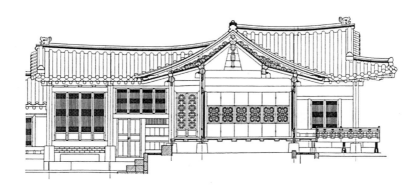

석 복 헌 종 단 면 도

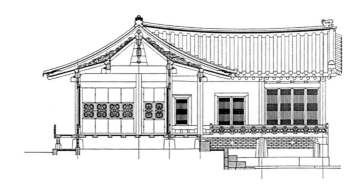

〈그림 28〉 석복헌 입 · 단면도 (출처:삼풍종합건축)

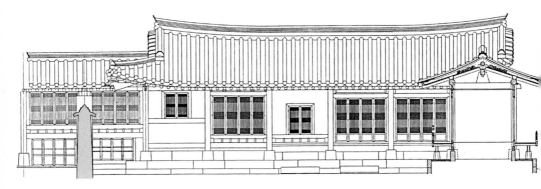

수 강 재 정 면 도

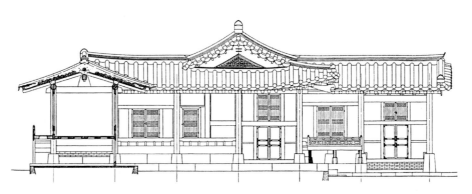

수 강 재 서 측 면 도

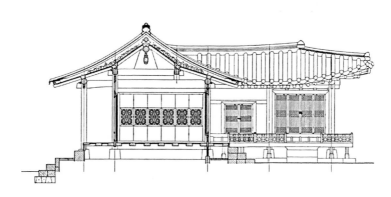

수 강 재 종 단 면 도

〈그림 29〉 수강재 입 · 단면도 (출처:삼풍종합건축)

0 0.4 1   3m

① 현   재
② 1994년
③ 1902년
(출처:『조선고적도보』제10권, p.1,424)

〈그림 30〉 평원루[150]

〈그림 31〉 취운정[151]

1) 기단 · 초석

낙선재 일곽 건물들의 기단은 모두 장대석을 사용한 다듬돌바른층쌓기[152]로 되어 있다. 기단 윗면은, 흙으로 되어 있는 평원루를 제외하고는 모두 전돌로 마감하였다. 특히 낙선재와 석복헌, 수강재는 마루 아래 바닥에도 전돌을 깔아 보이지 않는 부분까지 세심하게 마무리하였다.

기단은 지하에 매설된 축기부분과 지상에 높이 올려놓은 주춧돌 사이를 메우기 위하여 형성되었지만[153] 그것이 가지는 상징성도 자못 크다.[154] 궁궐의 정전은 월대(月臺)라고 부르는 높은 기단 위에 서 있고 그 외의 주요 전각들도 여러 단의 기단과 함께 영건되어 있다. 상류주택의 기단은 서민주택보다 훨씬 높고[155] 같은 집 안에서도 건물의 사용자에 따라 그 높이가 달라진다. 낙선재 일곽의 기단도 주건물과 부속건물이 차이가 나고 주건물 중에서도 임금의 거처인 낙선재가 가장 높다.

낙선재의 기단은 세벌대이다. 석복헌 역시 세벌대이지만 그 높이가 낙선재보다 낮고 수강재의 기단은 두벌대이다. 행랑의 기단은 주건물들보다 낮아 외벌대이다. 낙선재 서행랑은, 1902년 세키노 타다시가 찍은 것으로 추정하는 철거 전 사진에 의하면 북쪽의 2칸은 두벌대이고 나머지는 외벌대이다. 서행랑 복원도 이와 같이 하였다. 낙선재 누 아래의 기단은 외벌대이고 평원루와 취운정은 두벌대인데 평원루의 경우는 다른 건물들과는 달리 층단쌓기를 하였다.

---

150) 평원루 도면은 『창덕궁 정자: 실측 · 수리보고서』(문화재청, 2003)에 수록되어 있다.
151) 취운정 도면은 『창덕궁 승화루 및 일곽 실측 · 수리 보고서』(문화재청, 2005)에 수록되어 있다.
152) 다듬돌바른층쌓기: 다듬은 돌들을 층을 맞추어 쌓는 방법(주남철, 『한국건축의장』, pp.38~39).
153) 김동현, 앞의 책, p.64.
154) 주남철, 『한국건축의장』, p.32.
155) 주남철, 「조선시대 주택건축의 공간구성에 관한 연구」, 서울대학교대학원 건축학과 박사학위논문, 1976, p.58.

〈그림 32〉 낙선재 서행랑

높은 기단에는 건물로 오르내리기 편리하게 계단을 마련하는데 낙선재 전면에는 장대석을 세 단으로 쌓아 만든 계단이 세 곳 있고 석복헌과 수강 재에는 두 곳 있다. 현재 수강재의 계단은 세 곳인 듯 보이나 가장 동쪽의 것은 계단이 아닌 디딤돌이다. 본래 없던 것을 편리를 위해 놓아둔 듯한데 복원 배치평면도 상에도 그려져 있지 않다. 석복헌의 계단은 세 단, 수강 재의 계단은 두 단이다. 이 외의 여러 곳에 계단이 있는데 모두 장대석으로 쌓은 것으로 소맷돌은 대지 않았다.

낙선재 일곽에서 사용된 초석은 다듬은 돌로 길이에 따라 단주형, 장주형으로 나눌 수 있고 이것은 다시 모양에 따라 4각형, 6각형, 8각형으로 구분할 수 있다. 이들은 모두 윗면이 아랫면보다 좁다. 장주형 초석은 누의 초석으로 많이 이용되고 있는데[156] 낙선재 누와 평원루의 초석이 장주형이

---

156) 주남철, 『한국건축의장』, p.47.

고 그 외는 모두 단주형이다. 낙선재 누의 초석은 4각형이고 평원루의 초석은 평면의 모양과 같은 6각형이다. 단주형 초석은 모두 4각형인데 이것은 궁궐을 비롯하여 상류주택에 많이 쓰인다.[157]

툇마루의 동바리를 받는 동바리돌은 단주형과 장주형이 모두 사용되고 있다. 석복헌 동·서·남행랑 툇마루의 동바리돌은 4각형이고 그 외는 모두 동바리와 같은 8각형이다. 석복헌 전면 동쪽 툇마루의 두 개의 동바리돌은 8각의 장주형으로 동바리 없이 툇마루를 직접 지지하는 것이 특이하다.

하인방과 기단 사이를 막아 댄 고막이는 장대석과 전벽돌로 되어 있다. 특히 마루 밑을 토석재로 막을 때는 기둥 옆이나 중간에 통풍구멍을 두어야 하는데[158] 석복헌의 서남청과 서행랑·남행랑·중행랑, 수강재 동행랑과 남행랑의 마루 밑에는 통풍구멍인 고막이머름이 없다. 이곳은 개수가 많이 되어 원형이 어떠했는지 알 수 없으나 조영 당시에는 고막이머름이 있었을 것이다. 그 외에는 모두 고막이머름이 있다. 대부분의 고막이머름은 칸 사이에 있고 취운정의 것만 기둥 바로 옆에 있다. 『임원경제지』에서는 '[청저금축장(廳底禁築墻)] 마루널의 밑은 높고 널찍하며 시원하게 뚫린 것이 가장 좋은 것'[159]이라고 하였는데 낙선재와 석복헌, 수강재의 마루 밑은 모두 통풍이 잘되도록 고막이를 대지 않았다. 다만 세 건물 모두 전면에는 초석 사이에 장대석 디딤돌을 놓아 시각적으로 고막이 구실을 하게 하였다. 또한 툇마루의 서쪽 끝 하단에 들문이 달린 통풍구를 두어 주건물의 마루 밑 통풍을 특별히 배려하였다. 통풍구는 낙선재 누 밑 아궁이가 있는 곳과 석복

157) 주남철, 『한국건축의장』, p.47.
158) 장기인, 『목조』, 한국건축대계V권, 보성문화사, 1991, p.151.
159) 서유구, 〈임원경제지〉, 역자: 김성우·안대회, 『건축과 환경』, 1987.12, p.116: 제9편 〈섬용지〉의 영조지제 헌루(軒樓)조.

헌과 수강재의 퇴선
간 안에 있다. 다락
의 바닥도 마루인데
그 아래는 퇴선간으
로 사용하였고 낙선
재 누와 수강재 누,
평원루의 바닥은 기
단에서 높게 띠워 영
건하였다.

〈그림 33〉 낙선재 마루 밑 통풍구

2) 가구법

낙선재 일곽은 내전의 주요 전각이 아니므로 구조체의 규모가 작다. 낙
선재와 석복헌, 수강재는 모두 1고주 5량집이고 취운정은 2고주 5량집이
다. 현존하는 연조공간의 건물들 중에서 경복궁의 함화당·집경당·재수
각과 창경궁의 영춘헌은 1고주 5량집, 집복헌은 1고주 4량집이고 그 외는
모두 7량 이상의 집들이다. 공주와 옹주, 후궁 등이 사용하였던 수많은 소
규모 건물들이 현존하지 않아 낙선재 일곽과 비교할 수는 없다. 하지만 1고
주 5량가구가 조선 후기에 서울을 중심으로 중부지방에 지어진 상류주택에
서 가장 널리 사용된[160] 가구법인 것으로 보아 궐내 주거용으로 지어진 다른
건물들도 5량집이 많았을 것으로 추정한다. 가구의 기본인 3량은 가장 작
은 규모로서 궁궐에서 행랑, 익사 등에 적용되고, 주택에서도 행랑에 적용

---

160) 김홍식, 「조선후기 서울·경기지방 상류주택의 평면구성에 관한 연구」, 『건축사』, 대한건축사협
회, 1978.11, p.14.

된다.[161] 낙선재 일곽의 행랑들은 낙선재 북행랑(5량집)을 제외하고 모두 3량집이다.

장서각장본『궁궐지』에는 낙선재의 기둥높이가 8척3촌, 석복헌과 수강재의 기둥높이가 8척2촌으로 기록되어 있는데 영조척 1척을 약 31cm라하고[162] 복원공사 때의 실측 도면과 비교해본다. 평주의 초석 상부부터 기둥 상부까지의 길이, 즉 기둥높이가 낙선재는 2,580mm(8척3촌), 석복헌은 2,550mm(8척2촌)로『궁궐지』의 기록과 같았고 수강재는 2,680mm(8척6촌)로 4촌 정도 차이가 났다.『궁궐지』가 쓰인 후 낙선재 일곽 보수공사가 두 번 있었으나 수강재 기둥을 높은 것으로 교체하는 일은 없었다고 판단된다.『궁궐지』의 기록이 오기일 가능성이 높지만 앞으로 좀 더 고찰할 필요가 있다. 평면형태가 6각형인 평원루는 기둥 또한 6각기둥이고 그 외 모든 건물의 기둥은 4각기둥인 방주이다. 방주는 궁궐 건축에서 정전이나 중요한 내전을 제외한 부속 전각에 많이 쓰이고 일반 주택에는 거의 방주를 사용한다.[163]

도리는 단면형태에 따라 굴도리와 납도리로 구분할 수 있는데 굴도리란 둥근도리, 원도리라고도 하는 단면이 원형인 도리를 말하고, 납도리란 네모난도리, 평도리라고도 하는 단면이 4각형인 도리를 말한다. 일반적으로 굴도리가 납도리보다 더 귀한 것으로 생각되었다.[164] 굴도리만을 사용하고 있는 것은 헌종의 연침공간인 낙선재·평원루와, 낙선재 일곽 조영 전부터

---

162) 영조척 1尺의 길이는 세조 12년(1466)에는 31.22cm였고, 창덕궁 소장 유척(鍮尺)에 의하면 30.96cm이고, 광무 6년(1902)부터는 30.30cm로 사용하였다(윤장섭,「한국의 영조척도」,『건축사』, 대한건축사협회, 1975.11, p.18; 김왕직,『알기쉬운 한국건축 용어사전』, 동녘, 2007, p.457).
163) 주남철,『한국건축의장』, p.55.
164) 주남철,『한국주택건축』, p.207.

석복헌 상량문

수강재 중수 상량문

〈그림 34〉 상량문[165] (출처:문화재관리국)

있었던 취운정이다. 석복헌과 수강재에는 굴도리와 납도리가 혼용되고 있
다. 석복헌의 종도리, 중도리(둘 중에서 북쪽의 것)와 수강재의 중도리는 납도리
이다. 석복헌과 수강재의 납도리 사용은 두 건물의 사용자가 낙선재의 사
용자보다 신분이 낮음을 뜻한다. 행랑들은 모두 납도리를 사용하였다. 어
칸의 종도리는 상량대라고 하여 여기에 건립시기, 건립주, 건립내용 등을
기록한 상량문을 수장한다. 석복헌 어칸의 종도리에는 용을, 수강재에는
봉황을 그려놓아 그것이 상량대임을 보여주고 있는데 실제로 1992년에 여
기서 상량문이 발견되었다. 낙선재는 해체하지 않아 상량대의 모습이 알려
지지 않았다.[166]

공포는 구조적인 기능 이외에 의장 면에서도 건물의 양식을 결정지어 주

---

165) 필자가 입수한 상량문 사진은 여러 컷이 연결된 것으로 책에 넣기 위해 상하좌우를 잘라내어 편
집한 것이다.
166) 복원공사 당시 문화재관리국 궁원관리과 이만희 기사와의 대담.

는 부재로 중요하다. 건물의 높이 조절도 공포의 형식에 의해 결정되는 경우가 많다.[167] 낙선재 일곽에서 공포재를 쓰고 있는 건물은 낙선재와 평원루, 취운정이고 석복헌과 수강재는 소로수장집, 그 외의 행랑들은 모두 민도리집이다.

낙선재는 익공계 건물로서 다포계인 평원루처럼 화려하지는 않지만 소로수장집이나 민도리집보다 격식 높은 집이다. 낙선재는 끝을 둥글둥글하게 초각한 쇠서보아지 하나로 꾸민 초익공집이다.[168] 굴도리를 장여가 받치고 그 밑에 주두와 창방이 있다. 장여와 창방 사이는 소로로 장식하였다. 보머리와 보아지를 물익공쇠서와 같이 초각하였는데 그 수법이 정교하고 완성도가 높다.

〈그림 35〉 낙선재의 익공포작

167) 김동현, 앞의 책, p.150.
168) 익공은 다음과 같이 분류된다(장기인, 『목조』, pp.202~205).
　　−제공수에 따른 분류
　　　① 초익공: 쇠서보아지 하나로 꾸민 것
　　　② 이익공: 주심에서 쇠서보아지 두 개를 상하에 짠 것
　　−형태에 따른 분류
　　　① 쇠서익공: 쇠서 끝이 얄팍한 쇠서모양으로 된 것
　　　② 초각익공: 쇠서에 꽃무늬를 얹어 새긴 익공
　　　③ 물익공: 쇠서 끝을 둥글둥글하게 초새김한 익공

건물 모서리의 장여뺄목과 창방뺄목 또한 같은 양식의 초각으로 세련되고 고급스럽다.

평원루는 다포계 건물이지만 평방이 없는 것이 특징이다. 공포는 일출목으로서 외목도리의 장여를 받치고 있고 내목도리는 없다. 쇠서는 낙선재와 같이 둥글둥글하게 초각하였고 첨차는 낙선재와 석복헌의 대공에서 종창방을 받치고 있는 첨차와 모양새가 같다. 세 종류 모두 초각첨차이다. 첨차의 마구리는 사절, 하반부는 쇠시리하였고 공안(工眼)[169]은 없다. 창방 위의 공포와 공포 사이 포벽(包壁)은 판벽이며 내·외부 다른 문양으로 단청하였다.

낙선재 일곽의 건물 중에서 창건연대가 가장 빠른 취운정 (숙종 12년에 영건)은 초익공집이며 단청으로 꾸며져 있다.

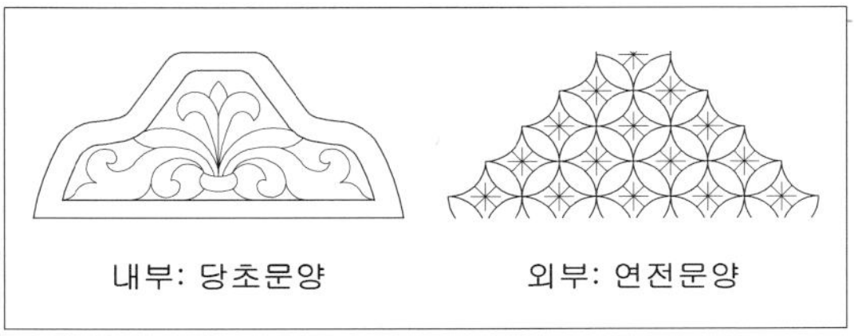

내부: 당초문양　　　외부: 연전문양

〈그림 36〉 평원루의 포벽 문양

석복헌과 수강재는 주두와 공포재 없이 주심도리 밑에 장여와 인방을 대고 장여와 인방 사이를 소로로 장식한 소로수장집이다. 보머리는 대개 굴도리일 때 주심부에서 바깥으로 굴려 깎고 측면 위쪽에 게눈각을 한다.[170] 따라서 주심도리가 모두 굴도리인 석복헌과 수강재는 게눈각보머리로 장식되었다. 수강재의 누에는 초각된 보아지가 있는데 석복헌 동행랑의 지붕과 만나는 부분의 처리를 위해 만들어진 것으로 일곽의 다른 곳에서는 볼 수 없는 우아한 것이다.

---

169) 공안: 첨차의 윗면을 주심소로에서 좌우소로까지 굴려 깎은 것(장기인, 『목조』, p.231).
170) 장기인, 『목조』, p.266.

〈그림 37〉 수강재 누의 보아지

대공[171]은 대들보 위에 세워 종도리와 장여를 받는 부재이다. 낙선재와 석복헌의 대공은 판대공의 일종인데 공포대공[172]과 같이 첨차가 있다. 도리방향 첨차가 공포처럼 종도리 밑의 종창방을 받는다. 첨차는 앞에서 기술한 평원루 첨차와 같이 초각한 것이고 양식이 서로 같다. 장여와 종창방 사이는 소로로 장식하였다. 석복헌의 대공은 단순한 가로판대공인 데 반해 낙선재의 대공은 초각한 파련대공이다. 낙선재의 파련대공은 대들보와 종보 밑의 초각된 보아지와 함께 일곽의 다른 건물에서는 볼 수 없는 이례적인 치장이다. 더욱이 대공은 반자 안쪽에 감춰짐에도 불구하고 파련초각과 첨차로 장식을 한 것이다. 수강재의 대공은 널재를 세워 댄 키대공이며 낙선재, 석복헌과는 달리 종창방 밑에 첨차가 없다.

주택에서 마루의 천장은 대부분 서까래가 노출된 연등천장으로 하고[173]

---

171) 낙선재 일곽의 모든 대공은 널재를 세워 대거나 가로로 포개 쌓아서 만든 판대공이다.
　　판대공의 종류는 다음과 같다(장기인, 『목조』, p.275; 장기인, 『한국건축사전』, p.122).
　　−키대공: 한 장의 널판을 세워 댄 대공
　　−가로판대공: 여러 쪽의 널을 가로 포개어 꾸민 대공
　　−파련대공: 가로판대공에 파련각한 대공
172) 공포대공: 종보 위에 첨차 · 살미 · 초공 · 화반 등을 짜서 올리고 종도리와 장여를 받는 대공(장기인, 『목조』, p.277).
173) 주남철, 『한국주택건축』, p.195.

방은 종이반자로 한다.[174] 낙선
재 일곽도 대부분 이러한 방식
을 따르고 있으나 예외의 경우
가 있다. 낙선재와 석복헌, 수
강재의 대청은 연등천장이 아
닌 우물반자를 대들보 위에 걸
어 꾸민 천정으로 되어 있었
다. 이것은 궁궐 전각의 청에
서 볼 수 있는[175] 궁궐건축의
특징이다. 경복궁의 근정전(勤
政殿)·사정전(思政殿)·강녕전
(康寧殿)·교태전, 창덕궁의 인
정전·선정전, 창경궁의 명정

〈그림 38〉 낙선재의 파련대공

전(明政殿)·문정전(文政殿) 등은 청이 모두 마룻바닥과 우물반자로 되어 있는
전각들이다.[176] 특히 현존하는 연조공간, 즉 경복궁의 자경전 일곽·함화
당·집경당·재수각과 창덕궁의 대조전 일곽, 창경궁의 경춘전·환경전·
통명전·양화당·영춘헌은 모두 대청이 우물반자로 되어 있다. 낙선재 일
곽도 이와 같은 것이다. 단, 낙선재·석복헌 대청의 우물반자는 백골집에
맞게 단청을 하지 않은 것이었고 수강재 대청 우물반자는 궁궐의 다른 전
각들처럼 단청이 되어 있었다. 이것을 수강재 중수 상량문에서 '조정(藻井)'

---

174) 주남철, 『한국건축의장』, p.122.
175) 주남철, 『한국건축의장』, p.118.
176) 이 건물들 중에는 현존하지 않던 것을 복원한 것(강녕전, 교태전, 문정전)도 있으나 건재했을
　　때 모두 우물반자를 한 건물이었음이 『한국의 건축과 예술』(p.234, pp.308~309, p.310)에 기
　　술되어 있다.
　　위의 책에는 그 외 전각들의 우물반자 내용도 나온다(p.221, p.240, p.257, p.298).

낙선재 대청

석복헌 북동쪽 청

수강재 대청

〈그림 39〉 청의 우물반자 (1992년, 출처:국가기록원)

이라고 묘사하였다. 그러나 낙선재와 석복헌, 수강재 청들의 우물반자는 복원공사 때에 원형이 아닌 것으로 결정되어[177] 석복헌의 북동쪽 청 우물반자를 제외하곤 모두 철거되었다. 석복헌의 북동쪽 청 우물반자 양식은 반자널이 목재가 아닌 종이로 되어 있다. 평원루의 천장은 특이하여 연등천장이면서 중앙은 6각형의 우물반자다. 우물반자는 마름모꼴의 소란반자 12개로 구성되었는데 단청으로 꾸며져 있다. 취운정의 온돌방 천장은 우물반자이고 양식은 석복헌 북동쪽 청과 같다. 목재 반자널 대신 종이를 사용하였는데 그 한지는 글 연습을 했던 것이라고 한다.[178]

방의 내부는 장지바름으로 마감하고 두꺼비집에는 주련을 부착하였다. 방의 구들은 해체하지 않아 그 구조를 알 수 없지만 궁궐의 경우 거의가 이중구들이라고 하니 낙선재 일곽도 예외는 아닌 것 같다. 이중구들이란 방고래를 이중으로 놓고 열과 연기가 아래층에서 위층 고래를 통하게 하여 방을 골고루 따뜻하게 하는 데 효과적인 구조이다.[179] 윤비를 모셨던 김명길 상궁이 '낙선재는…… 이중구들을 놓아 따뜻한 겨울을 나도록 했으며……'[180]라고 회고한 것으로 보아 낙선재·석복헌·수강재의 침실만큼은 난방 효과와 보온에 좋은 이중구들일 가능성이 높다.

건축목재는 소나무가 가장 좋아서 『임원경제지』에서도 '[품제(品第)] 가옥의 재료는 소나무로서 최상을 삼고 있다'라고 하였다.[181] 낙선재와 석복헌, 수강재의 재목은 모두 육송 중에서도 최고급인 적송이다. 그중에서 낙선재

---

177) 복원공사 당시 삼풍종합건축 박창열 차장과의 대담.
178) 문화재청 창덕궁관리소, 『창덕궁 승화루 및 일곽 실측·수리 보고서』, p.258.
179) 임응식, 〈낙선재〉, 『공간』, 공간사, 1966.12, p.63.
180) 김명길, 『낙선재주변』, p.13.
181) 서유구, 〈임원경제지〉, 역자: 김성우·안대회, 『건축과 환경』, 1988.4, p.114: 제9편 〈섬용지〉의 영조지구(營造之具) 목료(木料)조.

〈그림 40〉 낙선재 서측면 (서행랑 복원전, 1994년)

의 재목은 최상품으로 복원 당시 석복헌, 수강재의 재목과 그 가격에서 8
배 정도 차이 난다고 하였다.[182] 석복헌과 수강재에 쓰인 재목의 결이 굵고
희미한 반면 낙선재의 나뭇결은 붉고 선명하다.

　낙선재 일곽 건물의 부재들은 치밀하게 짜여 170여 년이 다 된 지금에도
견고한 모습이다. 거주자에 적합한 평면계획과 지형을 이용한 건축술은 매
우 뛰어나다. 당시의 건축은 화성성역 후 급발전한 건축술이 축적되어 발
휘된 것이라고 하는데[183] 낙선재 일곽 건축의 우수성은 이러한 상황을 잘 반
영한다.

3) 지붕
　「동궐도」를 보면 궁궐의 중심건물과 행랑의 구분이 규모나 가구법, 수장

182) 복원공사 당시 삼풍종합건축 박창열 차장과의 대담.
183) 신영훈, 『한실과 그 역사—한국건축사개설』, 에밀레미술관, 1975, p.181.

등에서 뚜렷함을 알 수 있다. 지붕의 경우 중심건물들은 모두 팔작지붕이고 행랑들은 맞배지붕이다. 몇몇 전각들은 지붕마루를 부고 대신 양성으로 마감하여 용마루가 더욱 높고 위엄이 있다. 누나 정자는 평면에 따라 다양한 지붕양식을 보인다. 조선시대 상류주택도 중심건물인 안채와 사랑채는 팔작지붕이고 행랑채는 맞배지붕이다. 그리고 정자의 경우는 평면에 따라 네모지붕, 육모지붕 등이 쓰인다.[184] 즉, 위계질서가 명확한 조선시대의 궁궐건축과 상류주택에서는 대부분 주건물을 팔작지붕으로, 부속건물을 맞배지붕으로 한 것이다.

낙선재 일곽의 지붕양식도 이와 같아서 주건물인 낙선재와 석복헌, 수강재는 팔작지붕이고 부속채인 행랑들은 맞배지붕이다. 그 외 후원에 있는 평원루는 육모지붕, 취운정은 팔작지붕이다. 낙선재 영역의 건물인 낙선재와 평원루만 부연을 달아 꾸민 겹처마로 처마가 깊고 다른 건물들보다 화려하다. 양성이 사용된 건물은 없다. 지붕높이는 석복헌과 수강재가 같고 낙선재는 조금 높다.

지붕을 덮는 부재인 서까래는 주로 통나무를 사용하는데 취운정의 서까래는 특이하게도 각재이다. 그 외의 건물들은 모두 둥근 서까래이며 낙선재의 서까래가 특히 굵다. 팔작지붕인 낙선재·석복헌·수강재·취운정과 육모지붕인 평원루의 귀서까래는 선자연으로, 입면 상에서뿐만 아니라 처마를 올려다볼 때도 강한 연속성을 느끼게 한다. 낙선재와 석복헌, 수강재에는 상연과 하연 끝의 교차부에 모두 못이 아닌 가는 싸리나무로 연침(聯針)을 박았다. 이것은 쇠못이 없던 때에 사용한 방법으로 당시로서는 보기 힘든 건축수법이다.[185]

184) 주남철, 『한국주택건축』, p.208.
185) 복원공사 당시 삼풍종합건축 박창열 차장과의 대담.

행랑을 제외한 건물들은 막새기와를 사용하여 서까래를 보호하였다. 추녀 끝은 모두 나선형으로 음각하여 장식하고 낙선재와 평원루의 사래마구리, 석복헌의 추녀마구리에는 도금(鍍金)한 금구(金具)[186]를 박아 보호하였다.

4. 수장

구조체가 완성되면 기와를 올리는 동안 소목(小木)들이 집을 꾸미고 마무리하는 일인 수장을 한다. 수장의 대상은 바닥, 천정, 계단, 창호 및 이에 부속되는 부분인데 이 절에서는 장식적인 창호, 천정, 난간, 화방벽, 합각, 기와 등을 고찰한다. 낙선재 일곽은 입지나 배치, 구조체만으로도 우수한 건축이지만 여기에 더해진 섬세하고 세련된 수장으로 빼어난 아름다움을 지닌다. 김명길 상궁은 '낙선재는 창덕궁 안의 다른 건물에 비해 웅장한 맛은 없지만…… 창살무늬만도 25가지나 되는 등 구석구석 정성을 쏟은 흔적이 엿보인다'[187]라고 회고하였다. 장식에 사용된 문양들은 모두 수복과 장수 등을 상징하는 길상 문양으로서 건축을 아름답게 꾸밀 뿐 아니라 거주자와 부합하는 의미를 담고서 이들의 행복을 기원한다.

1) 창호

(1) 창호의 종류

낙선재와 석복헌, 수강재의 창호에 대해 고찰하기에 앞서 창과 호, 즉 창

---

186) 현재는 많이 부식된 상태지만 세키노 타다시는 『한국의 건축과 예술』, p.272에서 도금한 금구라고 적고 있다.
187) 김명길, 『낙선재주변』, p.13.

과 문을 구분하고자 한다. 사람이 출입할 수 없는 개구부는 분명히 창이라 할 수 있고 사람의 출입이 가능해도 머름이 있으면 창이다. 머름이 없어야 출입하는 문이 된다.[188]

건물을 싸고 있는 모든 덧문(외창·문)은 창과 문에 관계없이 여닫이(분합문) 창호지문으로 되어 있다. 이 중 대청의 외문은 모두 들쇠에 매달 수 있어 필요에 따라 대청을 보다 개방적으로 사용할 수 있게 하였다. 덧문의 창살 무늬는 띠살이 가장 많다. 덧문의 안쪽은 창과 문에 관계없이 모두 미닫이 창호지문[189]으로 다양한 창살 무늬를 가진다. 이들 중 창으로 사용된 미닫이 창호지문은 햇살을 잘 들이게 하기 위한 영창(映窓)으로 창살 무늬가 더욱 장식적이다. 『임원경제지』에 '[창제(窓制)] ……우리나라의 창은 모두 작으며 격자의 사이는 좁고 창살은 깊다. 또한 창호지는 창호의 안 부분에 바르기 때문에 햇빛을 받아들이는 데 자못 방해가 된다. 이 때문에 근래의 제도에서는 꼭 영창을 설치하는데 바람을 막고 햇빛을 받아들임에 있어서 중국의 겹창과 아무 차이가 없다'[190]라고 쓰여 있는 것으로 보아 당시 주거에서 영창의 설치가 보편화되고 있었음을 알 수 있다.

방의 문은 외부에 직접 면해서 내지 않고 청과의 사이에 두었다. 물론 방 주인은 후원으로 나 있는 창으로도 출입이 가능하나 그 밖의 사람들은 반드시 청을 통하여서만 출입이 가능하게 한 것이다. 외기에 접한 부분은, 기둥 사이가 좁아 이중창인 두 곳(〈그림 43〉의 21, 41)을 제외하고 모두 삼중창으

188) 신영훈, 『한국건축과 실내』, 대한건축사협회, 1986, p.106.
    단, 낙선재 일곽 행랑채의 방은 출입문에 모두 머름이 있어 창과 문의 기능을 동시에 하고 있었다.
189) 수강재에는 창호지문이 있어야 할 자리에 맹장지가 있는 곳(〈그림 43〉의 47)이 있다.
190) 서유구, 〈임원경제지〉, 역자: 김성우·안대회, 『건축과 환경』, 1987.10, p.124: 제9편 〈섬용지〉의 영조지제 창유(窓牖)조.

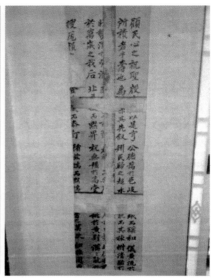

<그림 41> 맹장지 배면 종이 (출처:국가기록원)

로 영창의 안쪽에 다시 맹장지를 설치한 형식이다. 삼중창이란 외창인 덧문 안쪽에 중창인 영창이 설치되고 그 안쪽에 내창인 맹장지가 설치된 창이다. 맹장지가 없는 경우는 이중창이라 한다. 삼중창의 사용법이 『임원경제지』에 쓰여 있다. '[영창(映窓)] ……어둡게 하고자 할 때는 널창(인용자 주: 맹장지)을 밀어 닫고, 밝게 하고자 할 때는 널문(인용자 주: 맹장지)을 밀어 열며, 어둡기와 밝기를 적당하게 하고자 할 때는 겉창(인용자 주: 덧문)을 닫고 널문을 열며, 바람을 통하게 하여 시원하도록 하려면 세 개의 창을 모두 연다.…… 널문과 卍자창(인용자 주: 영창)을 밀어 열 때에는 장지 안으로 숨어서 보이지 않는다. 따라서 세상에선 그것을 두꺼비집이라 부르니 그 안에 숨을 수 있음을 뜻한다.'[191]

---

191) 서유구, 〈임원경제지〉, 역자: 김성우 · 안대회, 『건축과 환경』, 1987.10, p.124: 제9편 〈섬용지〉의 영조지제 창유조.

맹장지를 열었을 때는 두꺼비집 안으로 들어가 가리어지고, 닫았을 때는 두꺼비집과 맹장지 모두 벽 바르는 종이로 두껍게 발랐기 때문에 벽처럼 느껴진다. 머리벽장문과 다락으로 오르는 문 역시 맹장지이기 때문에 닫았을 때에는 벽과 같다. 맹장지를 발랐던 종이의 배면은 모두 한시를 쓴 것으로 과거시험지이다.[192] 글 쓴 종이들을 모아두었다가 집을 영건할 때 사용한 것으로 궁궐건축의 특징이라고 한다.[193]

방의 창문 바깥에 툇마루가 있을 경우엔 퇴에도 이중창(외창인 덧문+내창인 영창)을 달아 추위를 막았다. 『임원경제지』의 '(가장지[假粧子]) 방실의 창문 바깥에 만일 반가(半架, 원주: 반 칸)의 툇마루·돌퇴의 툇마루간이 있거든 격자살을 성글게 짠 합자(闔子)를 설치하고 종이를 한 겹으로 바른다. 낮에는 열고 밤에는 닫아 바람과 추위를 막는다(원주: 이것을 세상에선 가장지라 부르는데 그것의 성글게 짜인 격자살이 요새의 장지와 같기 때문이다). 가래나무로 창살을 짜서 卍자형으로 만든 것이 아름답다'[194]라는 글은 퇴에 다는 창을 설명한 것이다. 낙선재와 석복헌, 수강재에는 이러한 퇴가 설치되어 있는데 이 퇴가 달린 온돌방이 주인의 침실이다.

밖을 향해 있는 덧문의 창살이나 영창의 창살은 목조 구조체와 함께 선으로 구성된 입면을 만든다. 이에 반해 방은 하얀 장지의 면으로 둘러싸여 만들어졌다. 방 안에서는 화려한 창살의 무늬도 창호지 안으로 엷게 보일 뿐이다. 방이 청이나 누와 인접할 경우는 창살이 있는 면이 반드시 청이나

---

192) 문화재관리국 유형문화재과, '창덕궁 낙선재 보수공사 중 발견된 장지두꺼비집 한시 및 내벽주련 조사보고', 「낙선재 장지 두꺼비문 한시 보존」, 국가기록원 대전 본원 소장 문서자료(BA0811729), 1992.
193) 복원공사 당시 삼풍종합건축 박창열 차장과의 대담.
194) 서유구, 〈임원경제지〉, 역자: 김성우·안대회, 『건축과 환경』, 1987.10, p.125: 제9편 〈섬용지〉의 영조지제 창유조.

복원 전 (출처:국가기록원)　　　　　　　　　　　　　　　　복원 후

〈그림 42〉 낙선재 동온실

누 쪽을 향하게 하였다. 거처인 방을 중심으로 청이나 누는 '밖', 방은 '안'으로 생각했기 때문이다. 천장도 청과 누에서 사용된 연등천장이나 우물반자가 아닌 종이반자로 하고 바닥도 유지로 발랐기 때문에 둘러싼 모든 면이 화려한 형(形)이나 색(色)의 장식 없이 간결하다. 빛을 받아 투영되는 영창의 창살 무늬는 이러한 방을 조심스럽게 꾸며준다. 『임원경제지』에서는 '[논거실불의기려(論居室不宜綺麗)] 거처는 아름답거나 화려하게 할 수가 없다. 아름답고 화려한 거처는 사람을 탐욕스럽고 만족하지 못하는 사람으로 만들거니와 그것은 근심과 해악의 근원이다. 그러니 거처는 소박하고 정결하게 가꾸어야만 한다'[195]라고 쓰고 있는데 낙선재 일곽의 방들은 이 내용과 잘 부합하고 있다.

　다음은 창호들이 주건물들에서 구체적으로 어느 위치에 어떻게 사용되었는지 정리한 것이다.

---

195) 서유구, 〈임원경제지〉, 역자: 김성우 · 안대회, 『꾸밈』, 1990.8, p.94: 제15편 〈상택지〉의 영치(營治) 건치(健置)조.

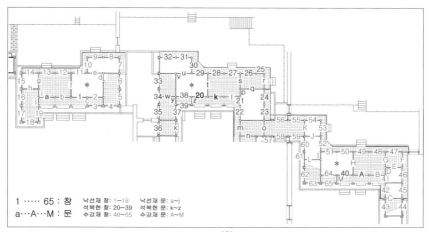

〈그림 43〉 낙선재 일곽 창호의 기호[196] (바탕도면출처:삼풍종합건축)

① 외부와 면한 창호

• 대청　　대청에는 고창이 a·b, k·l, A·B에 설치되었다. 대청의 정면 출입문(a·b, k·l, A·B)과 배면의 창(12·13, 27·28, 48·49)은 모두 이중창호로 여닫이 창호지문 안에 미닫이 창호지문이 있다. 단, a·b의 내문은 현재 미닫이문 없이 문틀만 있다. 여닫이 a·b, k·l, A·B는 모두 문짝을 접어 들쇠에 매달 수 있다.

• 청과 낙선재 누　　낙선재 누의 창 16·17·18·19와 석복헌 동쪽 청의 창호 25·26·r, 동남과 서남 청의 창호 36·m·x, 수강재 동쪽 청의 창호 47·F는 이중창호이다. 단, 25는 현재 외창인 여닫이창만 있고 47의 내창은 창호지문이 아닌 미닫이 맹장지이다. 낙선재 누의 문 j는 여닫이문

---

196) 현존하지 않지만 온돌방 사이에 있었다고 추정하는 미닫이문을 *표시하였다.
　　4·5·6, 33·34·35·37, 43·44·55·56·57·58·59·62·63은 창호가 입면 상으로 아래층의 것과 위층의 것으로 되어 있다.

이다. 머름이 있으나 그것은 누와의 단차 때문에 설치된 것이므로 문으로 보았다.

• 방과 퇴　　침실 앞퇴에는 창과 문이 각각 달렸는데 창 3, 39, 65는 이중창이고, 문 c, z, M은 여닫이문이다. 단, 3의 내창은 미닫이창 없이 창틀만 있고 65에는 내창 창틀이 달렸던 흔적이 남아 있다. 방의 창은 21과 41을 제외하고 모두 삼중창(1 · 2 · 7 · 8 · 9 · 10 · 11 · 14 · 15, 20 · 22 · 23 · 24 · 29 · 30 · 31 · 32 · 38, 40 · 42 · 45 · 46 · 50 · 51 · 52 · 53 · 54 · 60 · 61 · 64)이다. 단, 2, 38, 64는 퇴칸 안의 창문으로 외부와 면하지 않는다. 1, 20의 중창은 창경(窓鏡)틀이 있는 영창이다. 21, 41은 두꺼비집을 설치할 수 없는 곳에 위치한 창들이기 때문에 맹장지가 없는 이중창인데 41은 내창인 미닫이창 없이 창틀만 있다.

• 다락 · 퇴선간과 수강재 누　　다락 밑은 퇴선간이고 수강재 누 아래에는 문이 달려 있기 때문에 입면 상 두 단의 창호가 생기는 경우가 있다. 4, 63은 다락 창이고 그 아래가 벽이지만 5 · 6, 35, 43 · 44 · 62는 다락 창과 그 아래 퇴선간 문, 33은 다락 창과 그 아래 퇴선간 환기창, 37은 다락 창과 그 아래 퇴선간 문 · 환기창으로 되어 있다. 34는 퇴선간 환기창이다. 이 외 57은 수강재 누 창과 그 아래 벽, 58 · 59는 누 창과 그 아래 후원으로 통하는 문으로 되어 있고 55 · 56은 누 창이며 그 아래는 벽 없이 뚫려 있다.

② 실내의 문
• 청이나 누와 면한 실의 문　　청과 면한 방문 f · g, p · q · t, D · E · H와 청과 면한 또 다른 청의 문 s, G는 모두 이중문으로 외문은 여닫이 불발기, 내문은 미닫이 창호지문이다. 단, f · g는 현재 불발기문 없이 문틀만 있고 D는 내문과 문틀 없이 불발기만 있다. p의 내문 양식은 독

특하다. 두 짝 중 한 짝은 미닫이이고 다른 한 짝은 여닫이이다. 미닫이문을 열면 여닫이문짝 뒤로 겹쳐지고 이렇게 겹쳐진 채로 여닫이문을 열어야 두 짝을 함께 활짝 열 수 있다. 수강재 누와 면한 석복헌 동남 청의 문 o는 이중문으로 외문은 여닫이 불발기, 내문은 미닫이 창호지문이다. 청과 면한 낙선재 누의 문 i는 여닫이 불발기인데 머름이 있으나 그것은 누와의 단차 때문에 설치된 것이므로 문으로 보았다. 이상과 같이 불발기는 실내에만 설치되고, 방·청·누와 인접한 공간이 청이나 누일 때만 사용된 문으로 o를 제외한 네 짝·여섯 짝 문들(q·s·t, E·G·H)은 모두 문짝을 접어 들쇠에 매달 수 있다.

• 방과 방 사이   e와 u는 미닫이 창호지문이고 I는 여닫이 맹장지, J는 미닫이 맹장지이다. 현재 방 사이의 문은 이상이 전부이지만 조영 당시엔 별표(*) 위치에도 미닫이 창호지문이 있었던 것으로 추정한다. 문 *의 안쪽 방들은 모두 주건물의 침실로서 퇴가 달린 온돌방이다. 〈그림 47〉에서 낙선재 동온실 사이의 문 *를 볼 수 있다.

• 방과 누 사이   낙선재 누 문 h는 이중문으로 방 쪽은 여닫이 맹장지이고 누 쪽은 미닫이 창호지문인데 문얼굴이 둥글다. 수강재 누 문 K는 여닫이 맹장지이다.

• 다락문   퇴에 면한 y만 여닫이 창호지문이고, 방과 면한 d, v, C·L과 다락 사이의 w는 여닫이 맹장지이다.

그 외 석복헌 동남청과 행랑이 연결되는 곳의 문 n도 여닫이 맹장지이다. 이상의 창호들은 〈표 1〉과 〈표 2〉같이 구분할 수 있다.

	개폐방법	만드는 양식	사용된 곳
창	붙박이	교창 -울거미를 짜고 그 사이에 여러 문양의 살을 짜 넣은 창	-대청의 이중문 상부에 설치한 채광창(고창): a·b, k·l, A·B
		살창 -울거미를 짜고 여러 개의 살을 수직 방향으로 꽂은 창	-다락 아래 퇴선간의 환기창: 33·34·37
	여닫이 (분합문)	창호지문 -울거미를 짜고 그 사이에 가는 살을 짜넣고 한쪽 면에 창호지를 바른 문	-방의 삼중창 중 외창: 1·2·7·8·9·10·11·14·15, 20·22·23·24·29·30·31·32·38, 40·42·45·46·50·51·52·53·54· 60·61·64 -방의 이중창 중 외창: 21, 41 -방 앞 퇴칸의 이중창 중 외창: 3, 39, 65 (3, 65는 현재 내창 없음) -청·누의 이중창 중 외창: 12·13·16·17·18·19, 25(현재 내창 없음)·26·27·28·36, 47·48·49 -다락·누의 창: 4·5·6, 33·35·37, 43·44·55·56·57·58·59·62·63
	미닫이	창호지문	-방의 삼중창 중 중창: 1·2·7·8·9·10·11·14·15, 20·22·23·24·29·30·31·32·38, 40·42·45·46·50·51·52·53·54· 60·61·64 -방의 이중창 중 내창: 21, 41 -방 앞 퇴칸의 이중창 중 내창: 39 -청·누의 이중창 중 내창: 12·13·16·17·18·19, 26·27·28·36, 48·49
		맹장지 -앞뒤를 모두 종이로 바른 문	-방의 삼중창 중 내창: 1·2·7·8·9·10·11·14·15, 20·22·23·24·29·30·31·32·38, 40·42·45·46·50·51·52·53·54· 60·61·64 -청의 이중창 중 내창: 47

〈표 1〉 낙선재·석복헌·수강재의 창

	개폐방법	만드는 양식	사용된 곳
문	여닫이 (분합문)	창호지문	−청의 이중문 중 외문: a · b(현재 내문 없음), k · l · m · r · x, A · B · F −방 앞 퇴칸 문: c, z, M −퇴칸과 다락 사이: y −퇴칸과 누 사이: j
		불발기 −종이를 두껍게 바른 장지문 한가운데에 교살이나 卍자살을 짜대고 창호지를 바른 문	−청과 방 사이 이중문 중 청쪽: p · q · t, D[현재 내문(방쪽) 없음] · E · H −청과 청 사이 이중문 중 대청쪽: s, G −청과 누 사이 이중문 중 누쪽: o −청과 누 사이: i
		맹장지	−방과 방 사이: I −방과 누 사이 이중문 중 방쪽: h −방과 누 사이: K −방과 다락 사이: d, v, C · L −다락과 다락 사이: w −청과 청 사이: n
		골판문 −울거미를 짜고 그 사이에 청판을 끼운 문	−다락 아래의 퇴선간문: 5 · 6, 35 · 37, 43 · 44 · 62 −누 아래의 문: 58 · 59
	미닫이	창호지문	−청의 이중문 중 내문: k · l · m · r · x, A · B · F −청과 방 사이 이중문 중 방쪽: f · g[현재 외문(청쪽) 없음], p · q · t, E · H −청과 청 사이 이중문 중 소청쪽: s, G −청과 누 사이 이중문 중 청쪽: o −방과 누 사이 이중문 중 누쪽: h −방과 방 사이: e, u
		맹장지	−방과 방 사이: J

〈표 2〉 낙선재 · 석복헌 · 수강재의 문

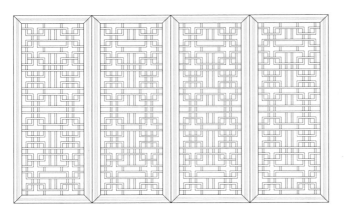

낙선재 누의 덧창-16 · 17 · 18 · 19

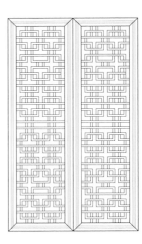

낙선재 누의 문-j

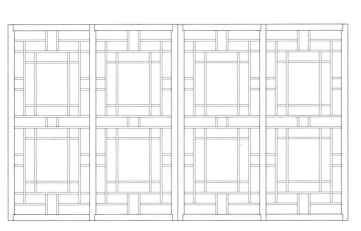

낙선재 누의 영창-16 · 17 · 18 · 19

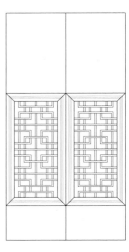

낙선재 누의 불발기-i

〈그림 44〉 낙선재 일곽의 창호
(출처:삼풍종합건축, 창살에 끼워진 문양들은 필자 작도)

0   0.2   0.5   1m

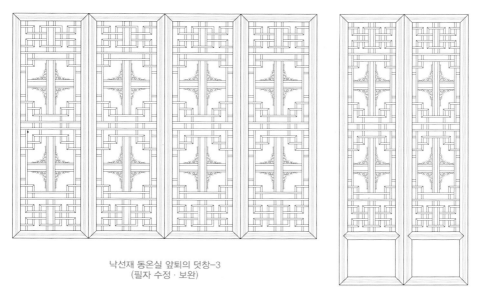

낙선재 동온실 앞퇴의 덧창-3
(필자 수정 · 보완)

낙선재 동온실 앞퇴의 문-c
(필자 수정 · 보완)

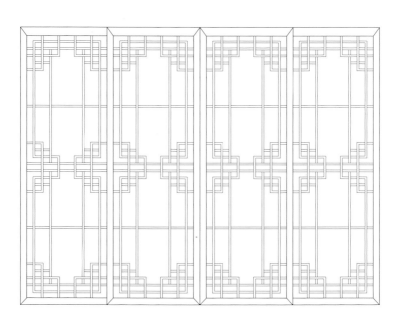

낙선재 서온실의 문-g
(같은 살 무늬의 창호: e, E)

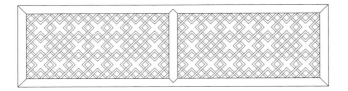

낙선재 고창-a·b

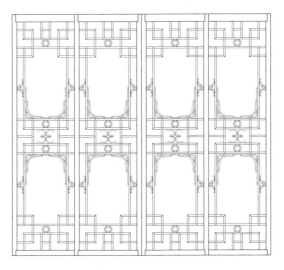

낙선재 누와 서온실 사이의 문-h (필자 수정·보완)

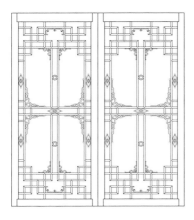

낙선재 방의 영창
-2·7·8·9·10·11·14·15
(필자 수정·보완)

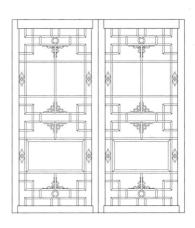

낙선재 방의 영창-1
(필자 수정·보완)

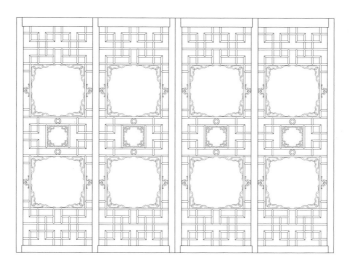

낙선재 대청의 영창-12 · 13
(필자 수정 · 보완)

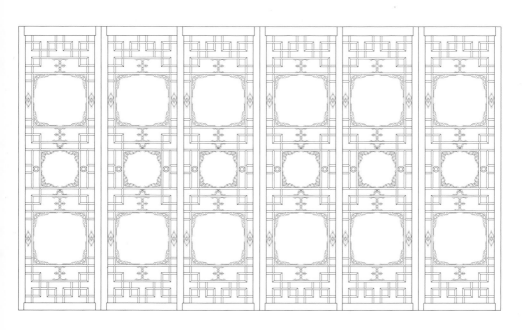

낙선재 동온실의 문-f
(필자 수정 · 보완)

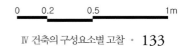

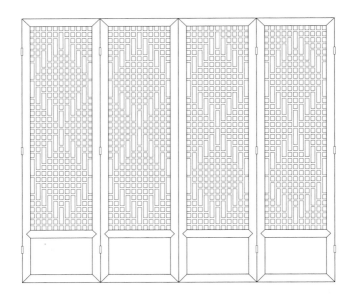

낙선재 남행랑의 덧문

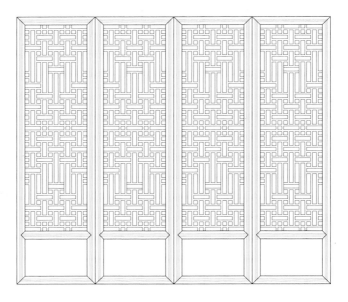

석복헌 대청의 덧문-k · l

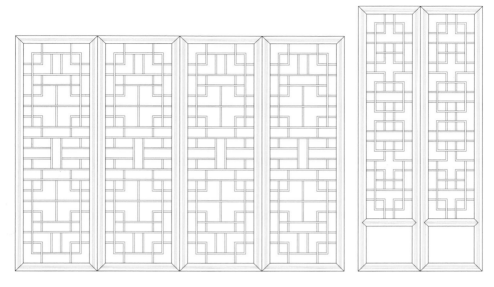

석복헌 서온실 앞퇴의 덧창-39

석복헌 서온실 앞퇴의 문-z

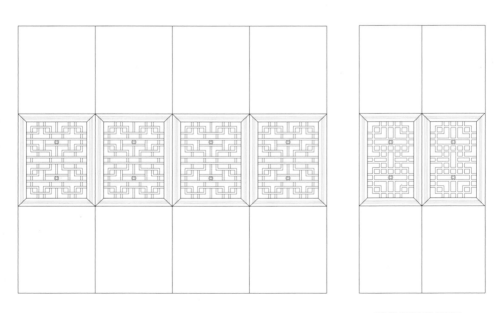

석복헌 대청과 소청 사이의 불발기-s
(필자 보완, 같은 살 무늬의 창호: o·q·t, E·G·H)

석복헌 동온실의 불발기-p

0   0.2   0.5   1m

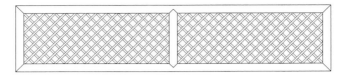

석복헌 · 수강재 고창-k · I, A · B

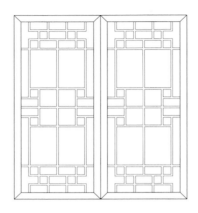

석복헌 방의 영창
-22 · 23 · 24 · 29 · 30 · 31 · 32 · 38

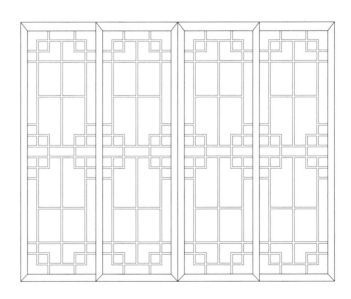

석복헌 대청의 문-k · I
(같은 살 무늬의 창호: m · o · r · s · t · x, A · B · F · G · H, 26 · 27 · 28 · 39)

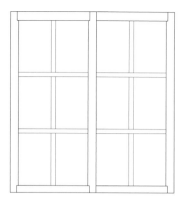

수강재 방의 영창—40 · 42 · 45 · 46 ·
50 · 51 · 52 · 53 · 54 · 60 · 61 · 64

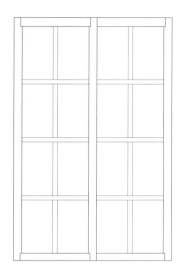

수강재 대청의 영창—48 · 49

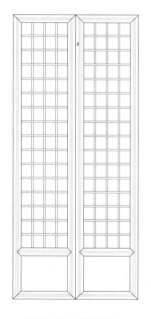

수강재 서온실 앞퇴의 문—M

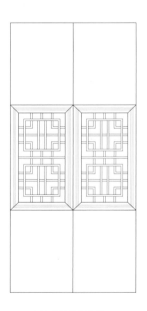

수강재 동온실의 문—D

(2) 창살 무늬

낙선재 일곽의 창호는 무늬가 다양하고 아름다워서 창과 문의 역할뿐 아니라 장식적인 역할도 한다. 낙선재 일곽에서 공통적으로 사용되고 있는 창살 무늬는 띠살로서 낙선재 전면, 석복헌 전면, 평원루, 낙선재 남행랑 몇 칸을 제외하고는 거의 모든 덧문(외창·문)이 띠살창호이다. 문 울거미에 수직 방향으로 가는 살을 같은 간격으로 짜 넣고 수평 방향으로 다섯 개 정도씩 상, 중, 하 세 곳에 짜 넣어 구성한 것이다. 맹장지창호 역시 건물마다 양식이 같다. 문 울거미에 用자살이나 井자살을 짜 넣고 앞뒤에 종이를 바른 것이다. 여기서는 띠살창호와 맹장지창호를 제외한 창살 무늬를 건물별로 고찰한다.

① 낙선재와 평원루

낙선재에서 고찰할 창살의 종류는 현존하는 13가지로 낙선재 일곽에서 가장 다양하다. 직교하는 창살 사이에 곡선의 문양을 끼워 넣은 것들은 아름답고 화려하다. 조각품과도 같은 정교한 문양을 넣어 장식한 창호는 낙선재에만 있는데 여기가 임금이 거처하는 곳이기 때문이다.

고창(a·b)도 역시 낙선재에만 장식을 하였다. 석복헌과 수강재의 고창은 일반적인 교창인 데 반해 낙선재의 것은 卍자살 무늬의 교창이다.

동온실 앞퇴의 외창③과 문ⓒ은 살 무늬가 흡사하여 한 쌍임을 알 수 있다. 이 창과 문은 卍자살 사이를 괴자룡(拐子龍)으로 장식한 것으로 외창과 문에 조각한 문양이 들어간 것은 이 한 쌍이 유일하다. 낙선재 일곽의 창호는 대부분 卍자살이다. 卍자살은 조선 전대를 통해 주택, 승방 등에 널리 사용된 창살 무늬로 궁궐에서는 낙선재 일곽에 특히 많다.[197] 괴자룡이

---

197) 김혜정, 「조선시대 궁궐건축에 나타난 무늬양식에 관한 연구」, 이화여자대학교대학원 응용미술학과 석사학위논문, 1979, p.35.

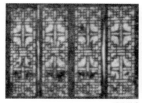
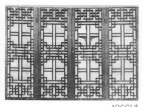
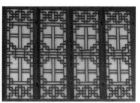

1902년
(출처:『조선고적도보』제10권, p.1,421)

1966년
(출처:『공간』, 1966.12, p.52)

현재

〈그림 45〉 낙선재 동온실 앞퇴의 창(3)

란 용을 단순화한 도안으로서 서로 연쇄되게 그리면 오래도록 단절되지 않고 이어진다는 의미를 지니게 된다.[198] 헌종의 공간인 낙선재 · 평원루의 창호와 중희당 일곽과의 꽃담에만 사용된 문양이다.

동온실 앞퇴 외창③의 괴자룡 장식은 현재 하나도 없어 지금의 모습이 마치 원형인 것같이 보이나 1902년 사진에는 거의 다, 1966년 사진에는 두 개가 남아 있어 조영 당시의 창살 무늬를 알 수 있다. 동온실 앞퇴 문ⓒ의 괴자룡 장식이 복원 당시 다행히 한 개가 남아 있어(왼쪽 문짝 중앙 아래) 원형을 찾아 도면을 그릴 수 있었다. 안타깝게도 현재는 작은 조각만 남아 있을 뿐 온전한 것이 없다.

누의 외창(16 · 17 · 18 · 19)과 문(j)도 한 쌍으로 살 무늬가 흡사하

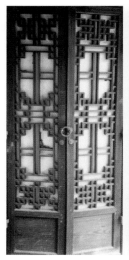

1994년

현재

〈그림 46〉 낙선재 동온실 앞퇴의 문(c)

198) 노자키 세이킨, 『중국길상도안―상서로운 도안과 문양의 상징적 의미』, 역자: 변영섭 · 안영길, 도서출판 예경, 1992, p.441.

다. 卍자살을 촘촘히 짜 넣은 것으로 대청에서 누로 출입하는 불발기문(i)[199] 역시 같은 유형의 창살이다.

이상의 문짝들은 덧문이라는 창호의 성격상 살 무늬가 촘촘하게 짜여 있다. 반면 덧문 안의 미닫이 창호는 빛의 투과를 고려하여 조영되었기 때문에 하얀 종이 면이 많다. 전자는 면보다 창살이 만드는 선의 구성에 치중한 것이고, 후자는 살의 무늬뿐 아니라 그것이 만들어내는 면, 즉 빛을 받아들일 수 있는 부분을 중시하여 구성된 것이다. 띠살창호가 덧문에만 사용된 것도 이 같은 이유에서이다.

누의 卍자살 외창 안에는 미닫이창─영창(16 · 17 · 18 · 19)이 있다. 亞자살

---

199) 낙선재에 현존하는 유일한 불발기문인데 지금은 상하단의 창호지가 벗겨진 채로 있어 다른 양식의 문처럼 보인다.

무늬로 방의 창호와는 달리 간결하다. 누의 뒤쪽에 있는 방의 문(g)은 卍자
살 무늬인데 이와 같은 문이 동온실에도 있다(ⓔ). 수강재 동온실의 내문(E)
도 같다. 낙선재 동온실에는 卍자살에 문양이 끼워진 아름다운 문이 있었
으나 현존하지 않는다. 다행히 1902년 사진이 『조선고적도보』에 실려 있어
그 모습을 볼 수 있다(〈그림 47〉).

출처:『한국의 고궁건축』, 1988, p.209   출처:『건축문화』, 1985.1, p.91

〈그림 48〉 낙선재 대청 미닫이문(a · b)

대청의 미닫이문(a · b)은 현재 없고 문틀만 남아 있으나 옛 사진(〈그림
48〉)에서 볼 수 있다. 띠살의 덧문 안쪽에 있었던 이 창호지문은 현존하는
동온실문(f)과 같았다. 동온실문(f)은 卍자살에 여러 문양이 장식된 것으로
살 사이에 끼워진 문양은 화초괴자(花草拐子), 괴자롱, 용화괴자(龍花拐子),
박쥐와 돈[錢], 방승(方勝)이다. 원래 화초괴자는 길상의 화초를 덩굴풀(蔓
草, 만초)이 칭칭 감아 오르는 연쇄적인 형상을 그린 것으로 부귀만대의 의미
를 지닌다. 蔓(만)은 萬(만)과 동음이고 帶(대)자의 의미로도 읽히는데, 帶(대)

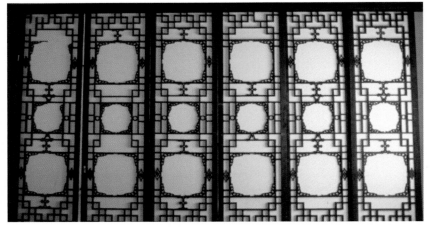

〈그림 49〉 낙선재 동온실문(f)

는 代(대)와 동음이기 때문에 '萬代(만대)'의 의미와 상통하는 것이다.[200] 낙선재 일곽에서 사용된 화초괴자 문양은 일반적으로 당초문(唐草文)으로 널리 알려진 것으로 이하 화초괴자의 문양을 당초문이라 한다. '당초'라는 것은 일정한 풀이름이 아니라 줄기가 뻗어 나아가면서 끝이 만(卍)으로 되어 다른 것을 감아 붙이면서 올라가는 풀이다. 따라서 문양들을 접속시킬 때와 문양들 사이의 간격을 메울 때 주로 사용한다.[201] 당초문은 창호 외에도 공포, 판대공, 포벽, 용지판, 난간, 여모판, 합각, 담장, 합문, 굴뚝 등에 광범위하게 사용되었다. 면면히 이어져 단절되지 않는다는 길상적인 의미의 당초문을 집안 구석구석에 사용하여 집주인의 영원한 복을 염원한 것이다. 용화괴자 문양은 괴자룡 문양이 당초문과 연결된 문양이다.[202] 박쥐(蝠, 복)

---

200) 노자키 세이킨, 앞의 책, p.351.
201) 황호근, 『고려도경을 통해 본 한국문양사』, 열화당, 1978, p.111.
202) 노자키 세이킨, 앞의 책, p.441.

는 福(복)과 동음으로 복 받기를 기원하는 의미이다.[203] 돈[錢(전)]은 원보(元寶)
라 하여 보배와 복의 의미를 담고 있다. 또 돈에는 구멍, 즉 눈[眼]이 있고
전(前, 앞)과 동음이기 때문에 '눈앞[眼前]'이라는 뜻을 나타내게 된다. 그러므
로 박쥐와 돈이 함께 있는 문양을 '복재안전(福在眼前)'이라 한다. 그 의미는
복이 당장 눈앞에서 실현되기를 바란다는 것이다.[204] 방승(方勝)이란 마름모
꼴 형태의 매듭을 말하는데 길상의 의미를 갖고 있다.[205] 원보와 방승보(方勝
寶)는 다복(多福)·다수(多壽)·다남(多男) 등을 의미하는 칠보 무늬에 속하기도
한다.[206]

대청의 미닫이창—영창(12·13)은 전술한 문(f)과 한 쌍이다. 위와 마찬가
지로 창 안에 다시 세 개의 창얼굴을 만들어 테두리 안쪽을 당초문과 괴자
룡으로 장식하였다. 가운데 창얼굴
이 위아래의 것에 비해 작다. 卍자살
사이에는 박쥐와 돈 문양을 끼워 넣
었다.

누와 서온실 사이의 미닫이문(h)은
창살의 무늬도 아름답지만 다른 창
호들과는 달리 둥근 문얼굴을 하고
있기 때문에 더욱 아취(雅趣)가 있다.
卍자살에 괴자룡, 용화괴자, 박쥐와
돈으로 장식하였다. 문짝 중앙에 있

〈그림 50〉 낙선재 대청 창(12·13)

---

203) 조용진, 『동양화 읽는 법』, 집문당, 1989, pp.61~62; 노자키 세이킨, 앞의 책, p.95.
204) 노자키 세이킨, 앞의 책, p.122.
205) 노자키 세이킨, 앞의 책, p.148.
206) 임영주, 『전통문양자료집』, 미진사, 1986, p.13.

〈그림 51〉 낙선재 누의 문(h)

는 용화괴자 장식은 복원공사 당시에도 파손된 것 하나만 남아 있었다. 남은 조각으로 보아 동온실문(f)의 문양과 흡사한데 온전한 모습이 옛 사진에 있어(〈그림 52〉의 맨 왼쪽 문짝 한가운데 문양) 그려볼 수 있었다.

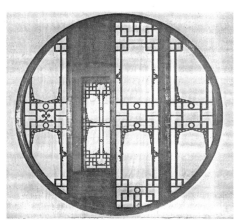

〈그림 52〉 낙선재 누 문(h)의 괴자룡 장식
(출처:『공간』, 1966.12, p.54)

방의 미닫이창 – 영창 (1·2·7·8·9·10·11·14·15)의 창살 무늬는 두 종류이다. 동온실의 영창인 1이 다르고 나머진 같다. 두 종류 모두 卍자살에 괴자룡, 박쥐와 돈, 방승으로 장식한 것이고 당초문은 1 이외의 영창에만 있다. 동온실의 영창 1은 유일한 것으로 석복헌에

설치되었던 적도 있지만[207] 그 양
식으로 보아 낙선재의 것이 틀림없
다. 석복헌과 수강재의 창호는 당초
문, 괴자롱, 박쥐나 방승 따위의 문
양이 전혀 들어 있지 않은 것이다.
영창1의 하단에는 창경을 끼울 수 있
게 틀을 만들어 놓았는데 이는 방 안
에서 영창을 열지 않고 밖을 내다볼
수 있게 하기 위함이다. 원래 있던
문살의 세로재를 빼고 창경틀을 끼
운 흔적이 남아 있으며 현재는 창경

〈그림 53〉 낙선재 방의 영창
(2·7·8·9·10·11·14·15)

영창 1

영창 1(1994년)

영창 20

〈그림 54〉 창경틀이 있는 영창

207) 미닫이 창호의 문짝은 고정된 것이 아니기 때문에 손쉽게 위치 이동시킬 수 있다. 현재 1의 자리
에 창경틀이 있는 영창(이하 '창경 창')이 설치되어 있지만 1962년 대한뉴스 영상[〈영친왕비 입
국〉, 『대한뉴스』제370호, 1962.6.22(KTV 국가기록영상관 http://film.ktv.go.kr/ /대한뉴스)]
에 의하면 1의 자리에 창경틀 없는 일반 영창이 있었다. 복원공사 시작 당시에는 '창경 창'이 낙
선재 서온실(14)에 설치되어 있었지만 1966년 사진(〈그림 52〉 참고)에서는 이곳에 일반 영창이
있는 것을 볼 수 있다. 즉, 하나뿐인 '창경 창'을 필요에 따라 옮겨 설치했던 것으로 보인다. '창
경 창'은 복원공사 직후엔 석복헌의 동온실에 있었고 이후 지금의 자리인 낙선재 동온실에 설치
되었다.

낙선재에서 본 남행랑 정면

〈그림 55〉 낙선재 남행랑 청의 문

〈그림 56〉 평원루 문

대신 창호지가 발려져 있다. 석복헌에도 창경틀이 설치된 영창이 서온실(20)에 있다. 낙선재의 경우는 창경틀이 있는 것과 없는 것의 창살 무늬가 다른 반면 석복헌의 경우는 같다. 낙선재의 창호가 그 쓰임에 따라 문양이 다양함을 알 수 있다.

행랑의 창호 중에서 유일하게 띠살이 아닌 것은 낙선재 남행랑 청의 문들이다. 낙선재의 누와 대청, 동온실에서 정면으로 내다보이는 행랑의 입면을 아름다운 창살로 장식한 것이다. 촘촘한 격자살이 모여 전체적으로는 큰 교살 무늬를 만든다. 서행랑을 복원하면서 청의 문에 이 창호의 문양을 사용하였다.

평원루의 문은 두 단의 궁창널 위에 창살이 있는 분합문이다. 궁창널의 윗단은 당초문을, 아랫단은 괴자룡을 조각하여 장식하였다. 창살의 무늬는

이름	사용된 창호	문 양	이름	사용된 창호	문 양
괴자룡	누와 서온실 사이의 문-h		박쥐	누와 서온실 사이의 문-h	
	동온실의 문-f			대청의 영창 -12·13	
	방의 영창-2·7· 8·9·10·11·14·15			동온실의 문-f	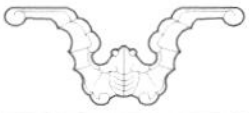
				방의 영창-2·7· 8·9·10·11·14·15 (같은 문양이 사용된 창호: 1)	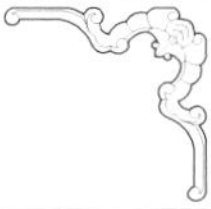
	동온실 앞퇴의 창호-3, c		방승	방의 영창-1(같은 문 양이 사용된 창호: 2· 7·8·9·10·11·14·15, f)	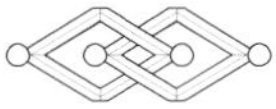
	방의 영창-1 (같은 문양이 사용 된 창호: 12·13)		당초문	대청의 영창 -12·13	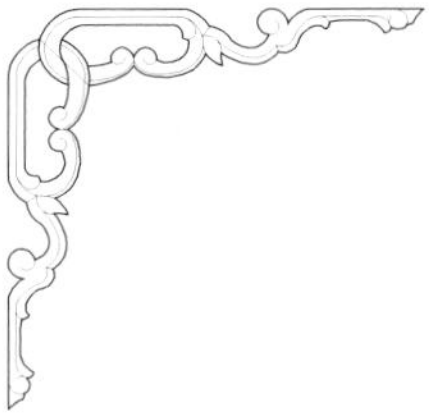
용화괴자	동온실의 문-f			동온실의 문-f	
	누와 서온실 사이의 문-h			방의 영창-2·7· 8·9·10·11·14·15	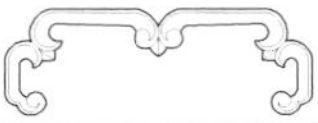
				평원루 문 궁창널 상단 (크기:300x72)	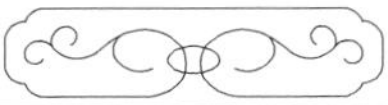
			괴자룡	평원루 문 궁창널 하단 (크기:275x360)	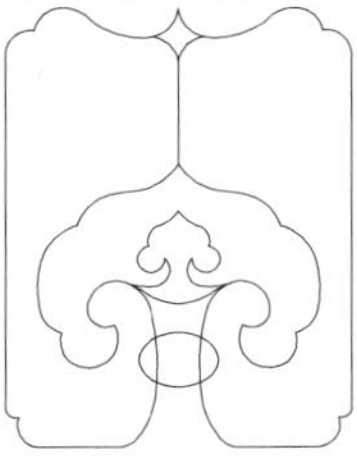

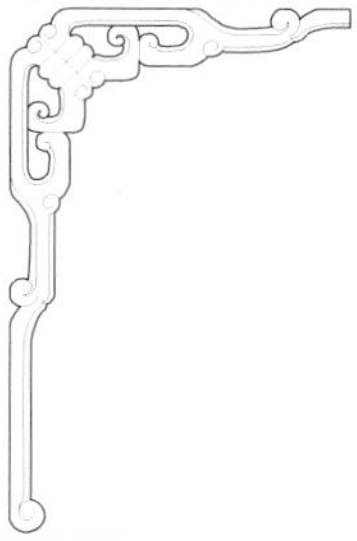

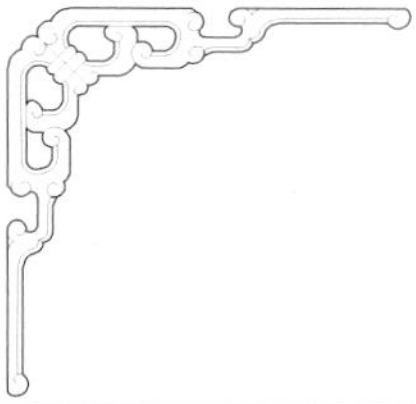

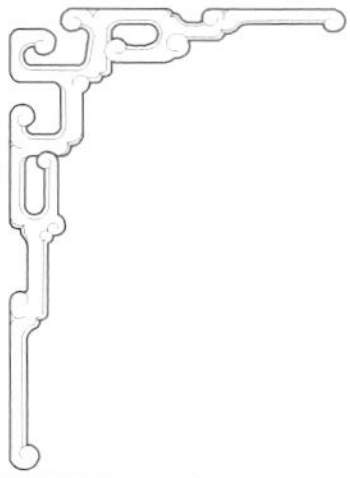

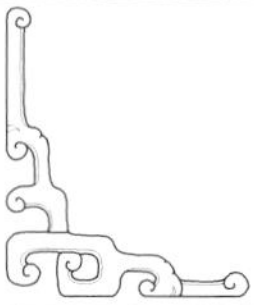

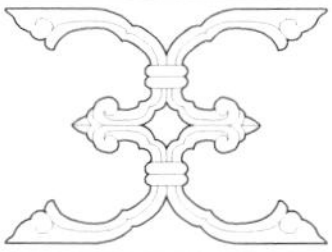

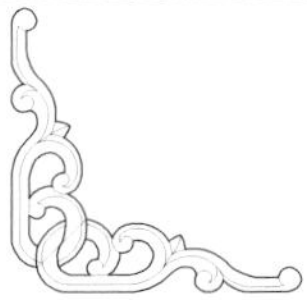

〈그림 57〉 낙선재와 평원루 창호의 문양

0 2 5 10 20cm

亞자살로 낙선재 누의 영창과 한 쌍인데 창살 사이에 두 개씩 연결한 돈 문양을 넣어 장식한 점이 크게 다르다.

헌종의 연침공간인 낙선재와 평원루에 사용된 길상 문양은 당초문, 괴자룡, 용화괴자, 박쥐와 돈, 방승이고 창호에 따라 모양이 다르다. 당초문은 4가지, 괴자룡 문양은 6가지, 용화괴자 문양은 2가지가 사용되었다. 박쥐 문양의 종류는 4가지이고, 돈 문양은 단독으로 있는 것과 쌍으로 있는 것이 있다. 방승의 모양은 창호마다 같다. 단, 이상의 문양 중에는 모양은 같으나 창호별로 크기가 다른 것들도 있다.

② 석복헌

석복헌의 고창(k·l)은 수강재의 것(A·B)과 같은 교창이다. 대청의 분합문 (k·l)은 숫대살 무늬로 촘촘하고 치밀하게 장식되어 있다. 직선으로만 구성된 기하학적인 문양인데 거리를 두고 보면 곡선의 물결 문양처럼 보인다. 바느질한 듯한, 자리를 짠 듯한 디자인으로 여성스럽다.

서온실 앞퇴의 외창(㊴)과 문(ⓩ)은 낙선재의 경우와 같이 한 쌍을 이룬다. 卍자살의 무늬가 흡사하다. 불발기(o·p·q·s·t)의 창살 무늬는 두 종류이다. 두 짝으로 된 불발기 p가 다르고 나머진 같다. 이 두 무늬는 卍자살로 한 쌍이다. 단, 현재 p에만 창살 사이에 돈 문양이 끼워져 있고 나머지엔 없으나 복원 전 사진에서 있는 것과 없는 것을 모두 볼 수 있기 때문에 돈 문양이 있는 것을 원형이라고 추정한다(〈그림 60〉의 오른쪽 사진 참고).

서온실의 방과 방 사이의 문(u)은 창호지문이면서 불발기와 흡사하게 상하 단을 종이로 바르고 그 사이에 창살 무늬로 장식한 것이다. 없어진 동온실의 창호지문(q)을 복원공사 때 이와 같은 양식과 무늬로 만들어 놓았다고 한다.[208]

---

208) 복원공사 당시 삼풍종합건축 박창열 차장과의 대담.

〈그림 58〉 석복헌 서온실 문(u) (출처:국가기록원)   〈그림 59〉 석복헌 동온실 영창(21)(왼쪽창)

방의 영창(20·22·23·24·29·30·31·32·38)은 창경틀이 있는 20을 제외하고 모두 같다. 21의 영창은 폭이 좁은 곳에 위치하여 창살 무늬가 다르고, 36의 영창은 수강재의 영창과 같은 用자살 창호이다. 방의 영창을 제외한 영창(26·27·28·39[209])과 미닫이문(k·l·m·o·r·s·t·x)들은 모두 같은 창살 무늬로 수강재에도 많이 사용(A·B·F·G·H)된 것이다. 단, 창일 경우엔 창살의 간격이 좁다.

③ 수강재

수강재 서온실 앞퇴의 문(M)은 유일하게 井자살 무늬이다. 간결한 卍자살 무늬인 불발기(D)는, 복원 전에는 문짝의 한쪽이 띠살문인 불완전한 것이었는데 두 짝 모두 불발기로 고쳐졌다. 그 외의 불발기(E·G·H)는 복원공사 때 석복헌과 같은 창살 무늬(o·q·s·t)로 만들어져 설치된 것들이다.[210] 수강재의 모든 영창(40·42·45·46·48·49·50·51·52·53·54·60·61·64)

---

209) 현재 39의 미닫이 문짝 네 개 중 두 개는 u와 같은 양식과 창살 무늬의 창호이다.
210) 복원공사 당시 삼풍종합건축 박창열 차장과의 대담.

〈그림 60〉 현존하지 않는 창호들 (출처:국가기록원)

은 用자살 무늬이다. 살 수가 적고 종이 면적이 넓어 빛을 받아들이기에 유리한 창호이다.

　이상 고찰한 낙선재 일곽의 창호들 중 띠살과 用자살 창호를 제외한 대부분은 궁궐의 다른 전각에서는 볼 수 없는 유일한 것들이었다. 특히 낙선재의 곡선이 가미된 창호들은 세련된 아름다움을 지니는데 문양들 하나하나가 정성을 들여 만든 조각품이다. 하지만 오랜 세월 속에 창호와 분리되어 없어진 것들이 많아 이대로라면 머지않아 곡선 문양의 창호를 사진으로밖에는 볼 수 없을 것이다. 훼손을 안타까워하는 분들이 떨어져 버린 문양들을 개인적으로 보관하고 있지는 않을까. 보존할 수 있는 방책이 시급한 상황이다.

2) 천정

　낙선재 일곽의 천정 중에서 장식이 된 곳은 수강재 대청의 천정과 평원루의 천정이다. 수강재 대청 천정의 우물반자는 현존하지 않고 사진[211] 또한 구할 수 없었기 때문에 이 장에서는 평원루의 천정만 고찰한다.

---

211) 〈그림 39〉의 맨 아래 사진에서 일부이지만 우물반자를 확인할 수 있다.

평원루의 천정은 6각형의 우물반자 안에 12개의 마름모꼴 소란반자를 끼워 만든 것이다. 6각형 반자대의 여섯 모서리에는 박쥐를, 그리고 내부의 반자대에는 복숭아와 불수감(佛手柑)을 그려 넣었다. 낙선재 일곽에서 복숭아와 불수감은 현재 이곳에만 있는 문양이다.

박쥐는 앞에서 고찰하였듯이 복을 상징한다. 복숭아는 장수의 의미를 지니는데 그것이 유래된 다음의 고사가 전해지고 있다. 서왕모(西王母)가 가꾸는 천도(天桃)는 삼천 년 만에 열매를 맺는 것으로 득도한 사람이 먹으면 신선이 된다고 한다. 삼천갑자(三千甲子)로 잘 알려진 한나라 무제 때의 동방삭(東方朔)은 서왕모의 과수원에서 이 천도를 훔쳐 먹었으나 득도한 사람이 아니라서 신선은 되지 못하고 단지 장수만 하였다. 동방삭의 이런 고사 때문에 천도는 '壽(장수)'라는 우의(寓意)를 갖게 되었다.[212] 불수감은 부처님 손 같은 오렌지인데 모양이 박쥐와 비슷하여 복을 의미하기도 하고,[213] 佛(불)과 福(복)의 중국식 발음이 유사하여 복을 의미하기도 한다.[214] 따라서 박쥐와 불수감, 복숭아가 함께 있는 도안은 복을 많이 받고 장수하기를 기원하는 의미를 지닌다.

12개의 반자널 중 가장자리의 6개에는 구름과 뿔 달린 용이 그려져 있다. 용은 네 가지 신령스러운 동물(四靈: 거북, 용, 봉황, 기린) 가운데 우두머리라고 전해진다. 비늘이 있는 것을 교룡(蛟龍), 날개가 있는 것을 응룡(應龍), 뿔이 있는 것을 규룡(虯龍), 뿔이 없는 것을 이룡(螭龍), 승천하지 못한 것을 반룡(蟠龍), 물을 좋아하는 것을 청룡(蜻龍), 불을 좋아하는 것을 화룡(火龍), 울기 좋아하는 것은 명룡(鳴龍), 싸우기 좋아하는 것을 석룡(蜥龍)이라고 한다.

---

212) 조용진, 앞의 책, pp.115~116.
213) 조용진, 앞의 책, p.62.
214) 노자키 세이킨, 앞의 책, p.115.

〈그림 61〉 평원루 천정

그 가운데 규룡을 여러 용의 우두머리로 여긴다. 규룡은 뭇 용들을 나아가고 물러나게 할 수 있으며, 구름을 타고 비를 뿌려 창생(蒼生)을 구제한다. 또 비를 빌고 사악함을 물리치는 신이다.[215] 헌종의 연침공간인 평원루 천정에 그려져 있는 용이 바로 이 규룡이다.

가운데 6개의 반자널에는 두 마리의 학이 날개를 펼치고 구름 사이를 날고 있는 비학문(飛鶴文)이 그려져 있다. 한 마리는 위로 오르고 한 마리는 아래를 향하는 쌍학문(雙鶴文)[216]인데 상하 대칭의 두 마리가 각각 둔각 삼각형의 형태로 마름모꼴 반자를 채우고 있어 기하학적으로 보인다. 옛사람들은 학을 신비스럽고 영적인 존재로 인식하였고[217] 신선이 타고 다닌다고 하여 선학(仙鶴)이라고도 불렀다.[218] 그리고 용이 구름 끝에서 학을 연모하면 곧 봉황을 낳을 것이라는 전설이 전해진다.[219] 학은 천 년이나 장수할 수 있는 상서로운 새로서 장수하기를 축원하는 도안이다.[220] 이상의 길상 문양들은 규칙적으로 배치되었기 때문에 많은 문양들이 함께 있으면서도 번잡하지 않다. 아름다운 단청과 정교한 수법으로 연출한 이 작은 천정은 우아하고 섬려하다.

3) 난간 · 여모판

건축에서 난간은 의장적인 요소로 기여하는 바가 큰데 목조난간은 정교한 아름다움을 자유자재로 나타낼 수 있는 장점을 가졌다. 목조난간은 주로

215) 노자키 세이킨, 앞의 책, p.309, p.438.
216) 황호근, 앞의 책, p.162.
217) 허균, 『전통 문양』, 대원사, 1995, p.50.
218) 황호근, 앞의 책, p.162.
219) 노자키 세이킨, 앞의 책, p.442.
220) 노자키 세이킨, 앞의 책, p.309; 조용진, 앞의 책, p.103.

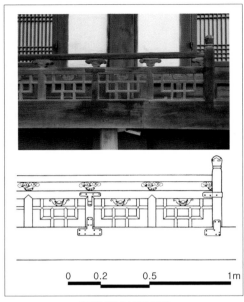

〈그림 62〉 낙선재 난간

누와 정자, 툇마루, 층계, 보좌 등에 설치한다.[221]

낙선재 일곽에서 사용된 난간도 모두 목조로 건물에 따라 그 구성양식이 조금씩 다르다. 평원루의 마루 끝 난간만 계자난간(鷄子欄干)[222]이고 그 외는 모두 교란(交欄)[223]으로서 둥근 두겁대가 사용되었고 난간동자주 사이, 즉 궁창부는 살대 등으로 장식되었다.

평원루의 교란을 제외하고 나머지 난간들은 모두 난간동자주 위에만 두겁대 받침이 올려져 있다.

낙선재 난간의 법수(法首, 난간기둥머리 조각)는 앙련(仰蓮)이고, 두겁대 받침은 보편적인 하엽(荷葉)이 아닌 운두(雲頭, 구름 무늬)를 조각한 것이다. 궁창부의 살 무늬는 卍자형으로 그 사이에 박쥐 문양이 끼워져 있다. 궁창부의 살 사이에 조각한 문양을 둔 예는 이곳과, 호리병을 끼워 넣은 석복헌의 난간뿐이다. 구름은 하느님 또는 신선의 대표적인 탈 것일 뿐만 아니

---

221) 주남철·신정진, 「조선시대 궁궐건축의 난간양식에 관한 연구」, 『건축』, 대한건축학회, 1987.7-8, p.11.
222) 난간동자주를 두껍고 넓은 판대기를 써서 위는 휨하게 깎아 난간두겁대(돌란대)를 받게 한 난간. 여기서의 난간동자주를 계자각(鷄子脚)이라 한다(장기인, 『목조』, p.356).
223) 난간동자주 사이에 가는 살을 짜서 장식한 난간(장기인, 『목조』, p.359).

낙선재 서행랑
(출처:『조선고적도보』제10권, p.1,423)

취운정

〈그림 63〉 낙선재 서행랑 난간과 취운정 난간

라 만물을 잘 자라게 하는 비의 근원으로서 길상 문양으로 사용된다. 특히 구름 속에서 박쥐가 춤추고 있는 문양은 '복운(福雲)'이라고 일컫는데 雲(운)은 運(운)과 동음이기 때문에 행복과 좋은 운수를 의미한다.[224] 낙선재의 난간은 현존하는 궁궐건축 중에서 유일하게 구름 사이에 박쥐가 날고 있는 디자인이다.

낙선재 서행랑의 난간은 1902년 사진(〈그림 63〉 왼쪽)에서 볼 수 있다. 양식은 낙선재의 난간과 같으나 법수가 앙련이 아니며 궁창부의 살 무늬도 亞자형으로 다르다. 두겁대 받침은 하엽이고, 궁창부 안에 끼워 넣은 조각은 없다. 낙선재 서행랑 난간의 법수, 두겁대 받침, 궁창부 살 무늬가 취운정의 난간과 같았다. 현재 서행랑 난간의 두겁대 받침은 하엽이 아닌 운두로 되어 있다.

석복헌 난간은 전면 동쪽 툇마루에 설치된 것과 배면에 설치된 것이 다르다. 전면의 난간은 법수를 보주로 조각한 것으로 두겁대 받침이 박쥐 조각이고 궁창부의 살 무늬는 卍자형이다. 궁창부 중앙에 호리병 조각이 끼워져 있다. 창덕궁 후원의 관람정(觀纜亭)과 태극정(太極亭)의 난간에는 호리

---

224) 노자키 세이킨, 앞의 책, p.498.

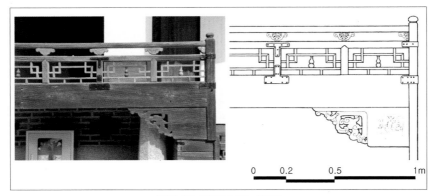

〈그림 64〉 석복헌 난간 · 여모판

관람정   태극정

〈그림 65〉 창덕궁 관람정 · 태극정 난간

병이 두겁대 받침으로 사용되었는데 석복헌 난간에서는 살과 함께 궁창부를 장식하고 있다.

　호리병은 원래 호로(胡蘆)병이라 하는데 이것은 만대(萬代)라는 의미를 지닌다. 호로는 무성하게 자라며 뻗어 올라가는 덩굴식물이다. 그 열매는 실생활 속에서 물을 뜨는 도구로 사용되며, 백성들이 물을 넣거나 물건을 담는 용기로 이용하고 영웅호걸들의 술병으로 쓰이기도 한다. 전해지는 전설로는 신선이 요괴를 잡아 가두는 기구이고 영단묘약(靈丹妙藥)을 담는 용기이며 온갖 보물을 속에 감추고 있는 신성한 물건이다. 일반적으로는, 그 뿌

<그림 66> 평원루의 교란　　　　　　　　　　<그림 67> 창덕궁 부용정 교란

리와 줄기가 멀리 뻗어나가고 열매가 줄줄이 달리기 때문에 자손이 번성하는 것을 상징한다.[225] 그러므로 경빈김씨의 처소에 조각한 호로병 문양은 여러 상서로운 의미를 내포하는데 그중에서도 특히 자손이 많기를 기원[226]하는 의미가 가장 크다. 난간 아래에는 초각한 여모판을 달아 장식하였다.

석복헌 배면 툇마루의 난간 역시 보주가 사용되었으나 그 모양이 전술한 것과 약간 다르다. 두겁대 받침은 하엽이다. 궁창부의 살 무늬는 亞자형으로 호리병은 없고 전체적으로 그 수법이 전술한 것에 비해 떨어진다.

수강재의 난간은 전면 동쪽의 것과 배면의 것이 같다. 법수는 보주로 조각하고 두겁대 받침은 낙선재의 것과는 다르나 구름 문양이다. 궁창부는 亞자형 살 무늬로 장식하였다.

평원루의 교란은 분합문 안쪽에 있어 분합문을 열어젖혔을 때에야 비로소 난간 구실을 한다. 둥근 두겁대를 사용하고 법수를 앙련으로 조각한 점은 보편적인 양식이지만 그 외의 것들은 특이하다. 난간동자주를 두 개씩 나란히 세우고 그 사이에 반원형의 살을 끼웠으며, 두겁대 받침도 반원형의 살로 난간동자주 바로 위의 자리가 아닌 그 사이에 두었다. 궁창부는,

225) 노자키 세이킨, 앞의 책, p.210.
226) 조용진, 앞의 책, pp.89~91.

〈그림 68〉 평원루의 계자난간 · 여모판

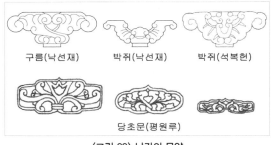

구름(낙선재)　　　박쥐(낙선재)　　　박쥐(석복헌)

당초문(평원루)

〈그림 69〉 난간의 문양

대각선 방향의 살대 두 개를 교차시키고 교차된 부분에 원형의 살을 끼워 넣어 꾸몄다. 이와 같은 난간은 창덕궁 후원의 부용정(芙蓉亭)에도 있는데 그 외의 다른 곳에서는 찾아볼 수 없는 양식이다.

계자난간은 보통 누의 마루 끝에 시설되며 치마널보다 밖으로 뻗어 나가서 마루의 공간을 넓히는 데 기여한다.[227] 평원루의 계자난간 역시 높다란 누에 설치된 것으로 계자각은 초각한 것이고, 계자각 위에서 두겁대를 받치고 있는 두겁대 받침은 하엽 조각이다. 띠장을 중간에 하나 더 가로질러 궁창부가 아래위로 이층이 되었는데 두 줄 모두에 안

227) 신영훈 · 김동현, 〈한국고건축단장(22)-그 양식과 기법-난간〉, 『공간』, 1971.8, p.71.

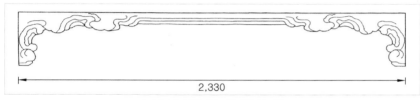
〈그림 70〉 낙선재 누 아래의 여모판

상을 투각한 청판을 끼웠다. 투각된 문양은 아래와 위가 다르지만 모두 부
귀만대를 의미하는 당초문이다. 난간 아래에는 투각한 여모판을 달았다.

여모판이 사용된 곳은 낙선재, 석복헌, 평원루이다. 낙선재의 누 아래 전
면과 양측면에 설치된 여모판은 비운(飛雲)을 조각한 것으로 누가 구름 위
에 떠 있음을 암시하고 있다. 구름은 하느님과 신선의 대표적인 탈것이므
로 누에 오르는 사람이 하느님이나 신선임을 상징한다. 석복헌 전면 동쪽
의 툇마루 아래에 설치된 여모판은 당초 문양을 투각한 것이다. 투각 문양

오른쪽에도 나무 면에 조
각한 문양이 있으나 마모
가 심해 어떤 문양인지 읽
기가 어렵다. 대청 앞의 툇
마루와 ㄱ자로 만나는 부분
의 또 다른 여모판은 전술
한 것과는 달리 단순하게
끝 부분만 곡선으로 조각한
것인데 이와 같은 여모판이
낙선재에도 있었다. 현존하
지는 않지만 1902년 사진
(〈그림 72〉 왼쪽)에서 볼 수 있

〈그림 71〉 낙선재 누 정면
(출처:『조선고적도보』제10권, p.1,423)

낙선재 (출처:『조선고적도보』제10권, p.1,423)　　　　　　　　　　　石福軒

〈그림 72〉 낙선재 서쪽 툇마루와 석복헌 툇마루의 여모판

다. 낙선재의 서쪽 툇마루가 서행랑의 툇마루와 ㄱ자로 만나는 부분에 설치되어 있었는데 석복헌의 그것과 흡사하다. 평원루 난간 아래의 여모판은 치마널에서 안쪽으로 들어가 위치하는데 난간의 궁창부와 같이 짜인 틀 안에 안상을 투각한 청판이 끼워졌다. 그 아래에도 당초가 투각되어 있다.

4) 화방벽

목조건물의 화재연소를 막기 위해 벽 바깥 면에 돌을 쌓아 만든 것이 화방벽인데 여기도 장식을 하였다. 현재 낙선재 일곽을 두르는 낙선재 남행랑과 석복헌 중행랑, 수강재 남·동행랑의 외벽이 모두 화방벽이다. 행랑

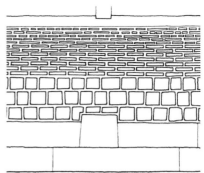

〈그림 73〉 낙선재 일곽 행랑의 화방벽

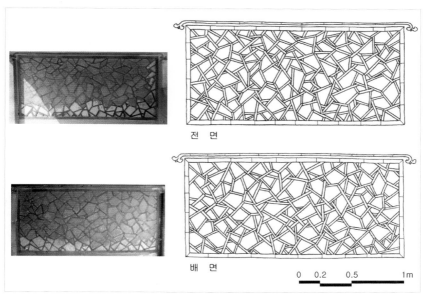

〈그림 74〉 낙선재 누 아래의 화방벽

의 화방벽은 조영방식이 모두 같다. 벽의 중간 높이까지만 돌을 쌓은 반화
방벽으로 장대석기단 위에 장대석보다 작은 사괴석을 3단 쌓고 그 위에 다
시 그보다 작은 전돌을 12단 쌓은 것이다. 아래 7단의 전돌보다 그 위의 5
단이 크기가 작다. 위로 향할수록 부재의 크기를 작게 하여 벽 전체에서 안
정감과 상승감을 느낄 수 있게 꾸민 것이다.

　낙선재의 누 아래에는 벽이 있어 그 뒤의 아궁이를 가려주고 있는데 이
것도 일종의 화방벽이다.[228] 누 기단 위에 전돌로 사각틀을 짜고 틀 위에는
한 줄의 전돌로 당초 문양을 만들었다. 틀 안에 길고 가는 전돌로 빙렬 무
늬를 만들고 그 사이는 하얀 삼화토(三華土)[229]로 채웠다. 전면과 배면의 양식

─────────
228) 신영훈, 『한국건축과 실내』, p.43.
229) 신영훈·조정현, 『한옥의 건축도예와 무늬』, 기문당, 1990, p.73.

은 같고 문양은 다르다. 명나라 말엽의 조원가인 계성(計成)이 저술한『원야(園冶)』에 풍창(風窓)의 설명과 함께 빙렬문(氷裂紋)이 소개되어 있다. '빙렬식은 풍창에 가장 적합한 것으로 그 무늬는 간단하면서 아치가 있고, 마음에 드는 대로 선을 긋되 윗부분은 성글고 아랫부분은 빽빽한 것이 기묘한 것이다'[230]라고 하였는데 낙선재에서는 빙렬문이 창이 아닌 화방벽에 사용된 것이다. 빙렬문은 빙죽문(氷竹紋)이라고도 하는데 그 형상이 마치 얼음과 대나무 같기 때문에 붙여진 이름이고 대나무는 '평안하다'라는 의미를 내포하고 있다.[231] 장락문을 들어서면 바로 시야에 들어오는 이 화방벽은 헌종의 연침에 맞춤인 문양이다.

〈그림 75〉 평원루 절병통

〈그림 76〉 낙선재 사래끝 장식물

5) 지붕

지붕에서 장식을 한 곳은 절병통과 사래끝장식(추녀끝장식), 용두, 망와, 막새기와, 합각이다. 절병통은 모임지붕에 필수적인 것으로 평원루 육모지붕의 꼭대기에 올려져 있다.

낙선재와 평원루

230) 계성, 『원야』, 역자: 김성우 · 안대회, 도서출판 예경, 1993, p.140.
231) 노자키 세이킨, 앞의 책, pp.82~83, p.361.

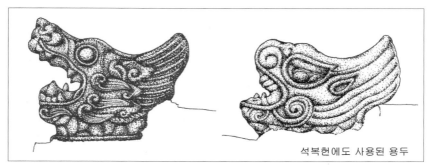

석복헌에도 사용된 용두

〈그림 77〉 낙선재 용두

의 사래마구리와 석복헌의 추녀마구리에는 사래와 추녀를 보호하기 위한 사래끝장식과 추녀끝장식이 박혀 있다. 이 장식물은 도금한 금속판에 파련화(波蓮花) 문양을 넣어 만든 것으로 낙선재와 석복헌의 문양은 같고 평원루의 것은 약간 다르다.

합각머리에 용두를 올린 건물은 낙선재와 석복헌이다. 낙선재에 사용된 용두는 두 종류이고 그중 한 종류가 석복헌에도 사용되었다.

용마루 끝에 망와를 부착하는데 망와 대신 암막새를 사용하는 경우도 있다. 낙선재에는 거미 문양의 망와가 사용되었고 석복헌에는 용이 새겨진 망와와 불로초가 새겨진 암막새가 같이 사용되었다. 수강재의 망와는 석복헌의 것과 같고 평원루와 취운정의 망와는 거미 문양이다. 거미가 모여들면 모든 일이 기쁘게 이루어지고 거미 그린 것을 보면 즐겁고 상서로운 조짐이 있다고 한다. 그래서 거미를 '蟢(희)' 또는 '蟢蛛(희주)'라고 부르고 거미가 아래로 드리워진 모습을 그린 것은 기쁨이 하늘로부터 내려온다는 의미를 지닌다.[232] 그러므로 거미는 하늘과 가까운 지붕 위 망와에 적합한 도안이라 하겠다. 인간은 오래 사는 것을 소원하므로 늙지 않음을 얻는다는 것은, 곧

---

232) 노자키 세이킨, 앞의 책, p.192.

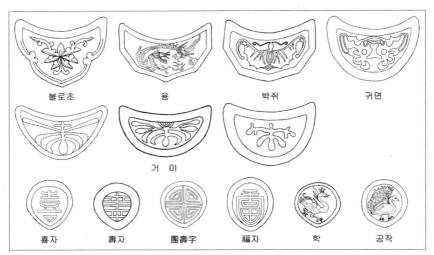

불로초   용   박쥐   귀면

거 미

喜자   壽자   團壽字   福자   학   공작

〈그림 78〉 낙선재 일곽의 기와

소원을 성취하는 것[如意]이 된다. 그러므로 불로초는 여의를 뜻하는 문양으로 사용되었다.[233]

낙선재와 석복헌에 사용된 막새기와는 같은데 그중 암막새는 불로초의 문양을 새긴 것이고 수막새는 喜(희)자를 새긴 것이다. 수강재의 암막새는 복을 상징하는 박쥐 문양이고 수막새는 조선시대 궁궐이나 능원에서 가장 대표적으로 쓰였던 단수자(團壽字) 문양이다.[234] '단수자'란 壽(수)자를 전서체로 둥글게 쓴 것을 말하며 장수를 기원하는 도안이다.[235] 평원루의 암막새는 거미 문양이고, 수막새는 단수자 문양이다. 취운정의 암막새는 거미 문양, 수막새는 喜자 문양이다.

샛담이나 합문, 굴뚝에 사용된 망와와 암막새의 문양은 거미 문양이 대

233) 조용진, 앞의 책, p.107.
234) 황의수, 『조선기와』, 대원사, 1989, p.26.
235) 노자키 세이킨, 앞의 책, p.225.

다수를 차지하고 그 외는 불로초와 용, 귀면, 박쥐 등의 문양이 있다. 수막새의 문양으로는 壽자를 도형화한 것이 가장 많고 그 외 福자, 꽃송이, 공작, 학 등이 있다. 공작은 중용의 덕을 터득한 새로 여겨졌으며 권세의 상징, 관운형통(官運亨通)의 의미도 지녔다.[236] 또한 공작은 아홉 가지 덕을 갖추고 있는 길조이다. 첫째, 얼굴 모습이 단정하고 둘째, 목소리가 맑고 깨끗하며 셋째, 걸음걸이가 조심스럽고 질서가 있다. 넷째, 때를 알아 행동하며 다섯째, 먹고 마시는 데 절도를 알며 여섯째, 항상 분수를 지켜 만족할 줄을 안다. 일곱째, 나뉘어 흩어지지 않으며 여덟째, 음란하지 않으며 아홉째, 갔다가 되돌아올 줄 안다. 사람들은 공작이 갖고 있는 이러한 아홉 가지의 미덕과 특징들을 좋아했기 때문에 여러 장식의 문양으로 사용하였다.[237]

이상 고찰한 낙선재 일곽의 기와들은 대부분 보편적인 것으로 같은 문양의 기와들이 궁궐의 여러 전각에 광범위하게 존재한다.[238]

궁궐건축 합각의 조영방법은 정전과 내전이 서로 다르다. 정전인 근정전과 인정전, 명정전, 중화전(中和殿)은 합각에 문양을 넣지 않고 판재를 대었다. 반면, 내전의 경우는 전벽돌을 이용하여 담장과 같이 장식하였다.[239] 연조공간인 낙선재 일곽 역시 합각부를 전벽돌로 꾸몄다. 낙선재와 석복헌, 수강재, 취운정의 합각은 전돌로 장식이 되어 있는데 문양이 각각 다르다.

낙선재 북쪽 합각에는 단수자를, 서쪽면에는 福자를 넣었다. 직선으로만 구성된 낙선재 합각과는 달리 석복헌의 합각은 곡선의 문양 등으로 꾸며

236) 허균, 앞의 책, pp.55~56.
237) 노자키 세이킨, 앞의 책, p.546, p.548.
238) 김혜정의 「조선시대 궁궐건축에 나타난 무늬양식에 관한 연구」(pp.63~70)와 황의수의 『조선기와』(도판) 참조.
239) 김혜정, 앞의 논문, p.55.

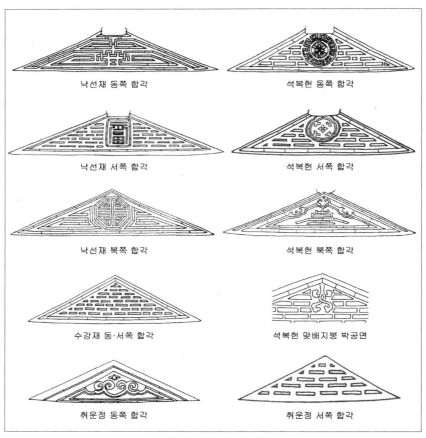

낙선재 동쪽 합각

석복헌 동쪽 합각

낙선재 서쪽 합각

석복헌 서쪽 합각

낙선재 북쪽 합각

석복헌 북쪽 합각

수강재 동·서쪽 합각

석복헌 맞배지붕 박공면

취운정 동쪽 합각

취운정 서쪽 합각

〈그림 79〉 낙선재 일곽의 합각

져 있다. 특히 석복헌 동쪽 합각은 회문(回紋) 안에 파련화가 있는 형상으로 장수를 의미[240]하는데 이와 흡사한 문양이 경복궁 자경전에도 있다. 회문은 뇌문(雷紋)이라고도 하는데 우뢰는 만물을 길러주는 요소인데다 그 형상이 연속해서 이어져 끊어지지 않는다는 의미를 담고 있어 최대의 길상으로 여

240) 황의수, 앞의 책, p.102.

긴다.[241] 이런 회문은 낙선재 일곽은 물론 다른 건축물에도 널리 사용되는 문양이다. 석복헌의 맞배지붕 박공면은 당초 문양으로 장식하였다. 수강재의 동서합각은 벽돌을 쌓은 듯한 문양으로 꾸몄다. 취운정의 서쪽 합각은 수강재와 흡사하고 동쪽면은 전벽돌이 아닌 회벽에 색깔을 넣어 장식한 것이다.

6) 수강재와 단청

필자는 단청 문양이나 색깔 등에 대한 전문적인 고찰은 할 수 없다. 그럼에도 불구하고 이 항을 기술하려 하는 것은 독자들에게 바른 내용을 알리고 싶어서이다. 낙선재 일곽이 사대부집처럼 보인다는 이유로 그 양식에 따라 대청의 천장은 연등천장으로, 건물들은 백골집으로 하는 것이 옳다고 생각되어 왔다. 그래서 본래 있었던 수강재의 우물반자와 단청이 제거, 현재와 같은 백골집이 되었다. 하지만 낙선재 일곽은 엄연한 궁궐건축으로서 왕의 주도하에 지어진 당시 최고의 기술과 예술의 산물이다. 충분히 화려하고 충분히 거대했다. 개별 건물이 소규모라고 해서 검소하거나 소박한 건축이 아니었다. 수강재를 백골집으로 검소화시킨 것이 건축주인 헌종의 의도가 아닌 우리의 의도였을 뿐이라는 것을 살펴보고자 한다.

수장의 대표적인 것 중 하나가 단청으로 낙선재 일곽의 건물들 중에는 수강재를 비롯해 평원루·취운정이 단청을 한 건물이었다. 평원루와 취운정은 현재까지 단청을 한 양식대로 보존되어 오고 있으나 수강재의 경우는 좀 다르다. 수강재 상량문에는 옛 제도 그대로 중수한다고 기록되어 있다. 즉, 수강재는 동궁의 전각이었던 건물 양식대로 중수되어 단청으로 꾸며졌

---

241) 노자키 세이킨, 앞의 책, p.62.

던 것이다. 현재 기둥 등에 주칠(朱漆)했던 흔적이 남아 있긴 하지만 낙선재, 석복헌과 같은 백골집으로 다른 건물에 비해 소박해 보이고 조금은 특성 없어 보이는 것이 사실이다. 같은 백골집이어도 낙선재는 최고급 부재, 호방한 누, 유려한 창살, 편액과 주련들로 세련된 건축미를 보여주고 있다. 석복헌의 경우는 작은 마당이 주는 포근한 공간감이 제일의 건축특성으로, 거기에 창살과 난간의 미가 더해져 여성스럽다. 두 건물 모두 단청을 하지 않아서 더 돋보이는 건축이다. 하지만 수강재의 경우는 단청을 하는 것이 원래의 건축의도였기 때문에 창살과 조각된 문양 등으로 집을 꾸미는 것이 아닌 아름다운 색과 그림으로 집을 꾸몄던 것이다. 즉, 형(形)이 아닌 색(色)이 수장의 중심이 되어 낙선재·석복헌과는 전혀 다른 느낌의 건축이었을 것이다. 외부의 단청은 대청의 천정으로 이어져 있었다. 안타깝게도 현재 수강재는 다른 두 건물에 비해 격이 낮아 보이는데 중수 당시 대왕대비의 거처답게 단청으로 수장된 위엄 있고 아름다운 건축으로 다시 태어나길 기대해본다.

5. 옥외공간

낙선재 일곽의 옥외공간은 인간의 손길이 닿아 꾸며진 곳이다. 옥외공간은 건물과 담장으로 둘러싸인 마당과, 화계가 있는 후원, 화계를 올라 누와 정이 있는 동산 위 후원까지를 포함한다. 낙선재 일곽의 옥외공간을 구성하는 요소들은 건물과 자연을 제외하고 다섯 가지로 구분할 수 있다. 옥외공간들을 이어주는 문, 공간을 구분하는 담장, 동산의 경사 부분을 꾸미는 화계, 화계 위에 놓인 굴뚝, 점경물인 석물이 그것이다. 이상의 다섯 가지

요소별로 옥외공간을 고찰한다.

1) 문

문은 옥외공간 형성의 필수요소인 동시에, 아름답게 장식되었기 때문에
정원을 꾸미는 데 중요한 역할을 하기도 한다. 낙선재 일곽에 현존하는 문
은 행랑채에 마련된 중문(中門), 담장의 합문(閤門), 담장과 건물 사이의 편문
(便門)이다. 영역을 구분하는 담장과 부속건물에는 이러한 문들이 있어 공간
이 분리되는 것을 막고 서로 연결시킨다.

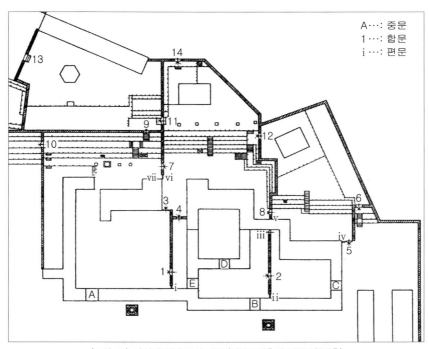

〈그림 80〉 낙선재 일곽 문의 기호 (바탕도면출처:삼풍종합건축)

〈그림 81〉 장락문

(1) 중문

현재 낙선재 일곽의 대문[242]으로 추정하는 이극문은 물론 외행랑까지 없기 때문에 남아 있는 5개의 행랑문은 모두 중문이다. 그중 헌종이 사용했던 낙선재 중문인 장락문(A)만이 건축양식 상 '솟을대문'이고 나머지는 행랑채의 지붕 아래에 설치된 '평대문'이다. 장락문을 솟을대문으로 한 것은 헌종이 '초헌'이라고 하는 외바퀴수레를 탄 채로 출입할 수 있게 하기 위함이다.[243] 장락문의 장대석 문지방도 이런 이유로 가운데에 홈이 파져 있다. 두 짝의 판장문(板長門)[244]은 종도리 아래에 달렸다. 종도리와 상인방 사이에 머름대와 같이 생긴 가로재가 놓여 있고 그 위에 사롱(斜籠)[245]이 있으며 '長樂門'(장락문)이라고 쓴 편액이 걸려 있다.

---

242) 여기서 필자는 이극문을 낙선재 일곽의 대표적인 주출입문으로 보아 '대문'이라 하였으나 엄밀히 말해 궁궐에는 대문이 따로 있고 전각들은 모두 그 안에 위치하므로 궐내에 대문이란 원래부터 없다고 볼 수도 있다.

243) 주남철, 『한국건축의장』, p.139.

244) 판장문: 몇 장의 널판에 띠를 대어 한 장처럼 붙여 만든 것(주남철, 『한국건축의장』, p.71).

245) 사롱: 대문이나 중문 등 문얼굴 위에 만들어댄 살대(신영훈·김동현, 〈한국고건축단장(21)-그 양식과 기법-문〉, 공간, 1971.7, p.63).

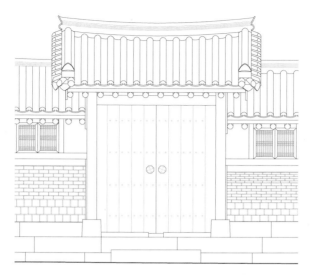

정 면 도

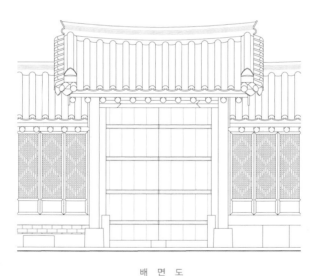

배 면 도

〈그림 82〉 장락문(A) 입면도(출처:삼풍종합건축)

B와 C, D는 문의 형식이 같다. 문짝이 달린 위치는 장락문과는 달리 바깥쪽 주심도리 아래이고 주심도리와 상인방 사이를 머름대와 같이 생긴 판재로 막아 댔다. 문짝은 네 짝의 골판문이고 나무로 된 문지방이 있다. B를 지나 D로 들어서면 석복헌의 마당이다. C는 수강재 마당으로 들어가는 문으로 장서각장본『궁궐지』에 '壽康門'(수강문)이라고 기록되어 있으나 편액은 걸려 있지 않다.

E의 문짝은 네 짝 골판문으로 동쪽 주심도리 아래에 달려 있다. 이것은 석복헌 서행랑과 샛담 사이의 공간이 안쪽이고, 이곳을 지나 낙선재로 들어가는 것이 진입 방향임을 보여준다. 그런데 이상하게도 문의 상인방과 도리 사이를 막아주는 판재가 문짝이 있는 반대 방향인 서쪽 주심도리 아래에 상인방과 함께 걸려 있고 문지방도 없다. 여러 차례의 보수로 지금과 같은 상태가 된 듯 보이는데 문짝이 달린 위치를 기준으로 부속 부재들의 재배열이 필요하다.

(2) 합문

현재 낙선재 일곽에는 14개의 합문이 있다. 낙선재 · 석복헌 · 수강재 영역을 연결해주는 합문은 1과 2이고 모두 낙선재 방향으로 열린다. 합문1은 현재 장락문과 같은 판장문인데 1902년 사진(〈그림 84〉 왼쪽)에는 두 짝의 골판문으로 되어 있다. 2의 문짝은 네 짝의 골판문이다.

후원으로 향한 문은 3, 4, 5이다. 합문3은 낙선재에 접하여 조영되어 문의 일부가 낙선재 처마 밑에 있다. 이런 이유로 3의 지붕은 특이하다. 처마 밑은 비를 맞지 않아 기와지붕이 필요 없고 또 이 부분에서 합문의 지붕이 낙선재 기둥에 닿기 때문에 지붕의 반을 기와가 아닌 목재—세 단의 머름대 같은 가로재와 사롱으로 장식하였다. 낙선재 처마 밖의 부분만 기와지붕이

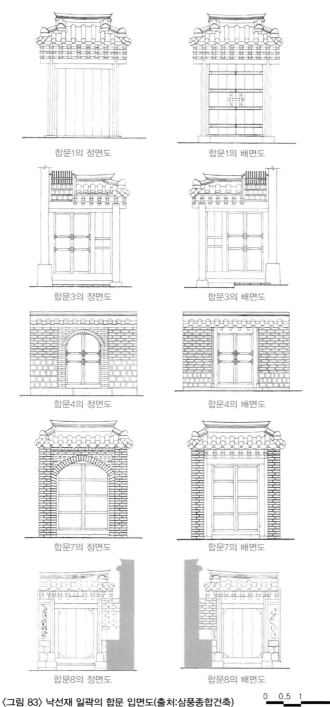

합문1의 정면도 　　　　　 합문1의 배면도

합문3의 정면도 　　　　　 합문3의 배면도

합문4의 정면도 　　　　　 합문4의 배면도

합문7의 정면도 　　　　　 합문7의 배면도

합문8의 정면도 　　　　　 합문8의 배면도

〈그림 83〉 낙선재 일곽의 합문 입면도(출처:삼풍종합건축)

0　0.5　1　　　2m

1902년
(출처:『조선고적도보』제10권, p.1,424)

현재

〈그림 84〉 낙선재 마당의 합문(1)

고 문짝은 두 짝 골판문이다. 4는 전벽돌로 만든 홍예문이다. 문과 담장의 지붕 높이가 같아 마치 담장에 구멍이 뚫린 듯하다. 합문5는 수강재의 툇마루에 접하여 조영되었다. 5의 문짝은 두 짝 골판문이고 5와 접한 툇마루에는 편문(iv)이 달려 있다.

「동궐도형」에 의하면 합문6은 취운정 동쪽, 담으로 둘러싸인 공간으로 들어가는 문이었으나 지금은 샛담이 없어 곧바로 취운정 마당으로 들어가는 문 역할을 한다. 낙선재와 석복헌, 수강재의 후원을 연결해주는 문은 7과 8이다. 7도 4와 같은 전벽돌의 홍예문으로, 낙선재의 후원 쪽인 서쪽면이 전면이고 두 짝 골판문이 달린 동쪽면이 배면이다. 석복헌 영역의 합문 4가 아담하고 조용한 이미지인 데 반해, 낙선재 영역의 7은 무게감 있는 구조체와 기하학적인 문양으로 호방하고 강해 보인다. 홍예 양옆의 문양

| 합문1 | 합문2 | 합문3 | 합문4 |

| 합문7 | 합문7 | 합문8 | 합문8 |

| 합문9 | 합문9 |

합문11(왼쪽)   합문13(1994년)

〈그림 85〉 합문

합문9의 봉황(왼쪽)

165

합문7의 반장

1,690

합문11의 용지판

180

합문7의 용지판

250

〈그림 86〉 합문의 문양과 용지판

은 반장(盤長)이다. 반장이란 팔보(八寶)를 대표하는 것으로 창자 형태로 그린 도안인데 창자[腸, 장]가 長(장)과 동음이어서 장구하여 끊임없다는 뜻으로 비유된다.[246] 합문7의 담장이 낙선재 난간과 접하기 때문에 담장 끝에 초각한 용지판(龍枝板)[247]을 대어 마감하고 툇마루에 편문(vi)을 달았다. 초각한 용지판은 낙선재 영역의 합문7과 11에만 있다. 합문8은 5와 같이 툇마루 옆에 조영되었다. 문짝은 판장문이고 문이 연결된 툇마루에는 편문(v)이 달렸으며 문 옆 좁은 담장면에 포도와 매화 문양이 있다.

동산 위의 누나 정자는 화계를 오르면 닿을 수가 있는데, 낙선재와 평원루 사이엔 꽃담이 있어 화계를 오른 후 9를 통해서 가야 한다. 합문9는 7과 양식이 흡사한, 전벽돌로 만든 홍예문이다. 낙선재 쪽이 전면이고 판장문이 달린 쪽이 배면이다. 홍예의 모양이 반원이 아닌 것이 특이하다. 홍예 양옆은 봉황(鳳凰)이 양각된 전돌로 장식하였다. 봉황은 모든 새 가운데 으뜸으로 수컷을 봉(鳳)이라 하고 암컷을 황(凰)이라 한다. 예부터 온 세상의 일을 다 아는 신조(神鳥)로 생각되었는데 그중에서도 치란(治亂)을 어느 새보다 잘 알고, 어진 임금이 나타나 천하가 태평해지면 그 모습을 나타낸다고 하였다.[248] 凰(황)은 皇(황)과 동음인데다 봉황이 날아갈 때 뭇 새들이 그림자처럼 뒤따르기 때문에 훌륭한 임금의 위엄과 덕망을 상징하는 것으로 사용된다.[249] 따라서 합문9에 장식된 봉황 문양은 이 문이 임금이 사용하는 문임을 암시한다. 합문10은 낙선재 후원 화계의 서쪽 끝에 위치하는 일각문이다. 이 문을 나서면 중희당 일곽으로 갈 수 있다.

---

246) 노자키 세이킨, 앞의 책, p.294.
247) 용지판: 기둥면보다 벽을 내밀어 쌓을 때 벽의 끝과 기둥과의 아물이를 하기 위해 붙이는 널(김평정 편저, 『건축용어대사전』, 기문당, 1982, p.639).
248) 황호근, 앞의 책, pp.142~143.
249) 노자키 세이킨, 앞의 책, p.628, p.630.

평원루와 한정당, 취운정의 공간을 이어주는 문은 11과 12이다. 문이 열리는 방향은 모두 평원루 쪽이다. 합문11은 문기둥보다 담장이 튀어나온 네 부분 모두에 초각한 용지판이 있다. 합문13은 평원루의 서쪽에 있고 이곳으로 나가면 중희당 일곽이다. 13은 현존하는 궁궐의 합문으로는 유일하게 원형 문이다. 꽃담과 같은 면에 전벽돌로 만월형(滿月型)의 문얼굴을 만들고 그 안에 미닫이 판장문을 달았다. 14는 한정당의 뒤에 있는 합문인데 「동궐도형」에는 그려져 있지 않다. 한정당을 영건하며 만든 것으로 추정한다.

(3) 편문

편문은 한 건물에서 다른 건물로 이동할 때의 편의를 위하여 간략한 방식으로 설비한 문을 말한다.[250] 편문은 모두 처마 밑에 조영되므로 기와지붕이 필요치 않고 문짝을 달지 않은 경우도 있다.

ⅰ과 ⅱ는 툇마루 위에 조영되었다. 문얼굴 위에 머름대와 같은 가로재 두 단과 사롱으로 장식하였다. 두 단의 가로재 중 위의 것은 안상을 새긴 궁창을 끼워 넣어 장식한 것이다. 문짝이 아닌 목판재로 막아 댄 것으로 문이 아닌 경계벽의 역할을 한다. ⅲ은 석복헌의 행랑마당과 수강재 사이의 담장 끝에 조영되었고 두 짝 골판문이 달렸다. 7개의 편문 중 유일하게 기단 위에 조영되었다. ⅳ는 두 짝 골판문이, ⅴ는 외짝 골판문이 달렸고 모두 툇마루 위에 조영되었다. ⅴ는 문짝이 달리기는 하였으나 툇마루가 이곳에서 끝나고 계단도 없기 때문에 출입할 수 있는 문은 아니다. ⅵ과 ⅶ은 툇마루 위에 조영되었는데 문얼굴만 있고 문짝이 없다. 문얼굴 위에 머름대 같은 가로재와 사롱을 올려 장식하였고 보아지와 닿는 부분은 사롱 살

---

250) 신영훈·김동현, 〈한국고건축단장(21)〉, p.60.

대의 키를 낮춰 잘 들어맞
게 하였다. vii은 건물과 담
장이 맞닿는 부분이 아닌
툇마루의 중간에 위치하여
툇마루 이용에 따른 개방적
인 경계 역할을 한다.

이상 살펴본 낙선재 일곽
의 편문은 반드시 문으로만
조영된 것이 아니어서 외관
은 문과 같으나 출입 불가
능한 곳도 있었다. vii을 제
외하고는 모두 담장과 건물
이 맞닿게 되는 부분에 설
치하였는데 이는 담장이 처
마 밑까지 들어와 기둥과

〈그림 87〉 낙선재 북쪽 툇마루의 편문(vi · vii)

닿는 일이 없도록 한 것이다. 담장과 건물 사이에 나무로 만든 편문을 둔
것은 건물의 구조체를 보호하기 위한 방법이다. 동시에 편문보다는 무겁고
폐쇄적인 이미지의 담장이 건물과 연결되어 자칫 건물 공간을 분리할 수
있다는 단점을 보완한 계획이다.

2) 담장

담장이란 경계선 역할을 하기 때문에 옥외공간 구성의 주요 요소이다.
이러한 담장은 보이는 면이 넓어 시각적인 배려가 필요하다. 재료에 변화
를 주거나 쌓는 방법을 달리하여 지루하지 않게 하는데, 담장에 아름다운

무늬를 넣어 장식하는 경우엔 꽃담이라 한다. 낙선재 일곽에는 다양한 길상 문양으로 장식한 꽃담이 많은데 특히 낙선재 영역의 담장은 대부분 꽃담이다. 꽃담이 아닌 경우도 전벽돌의 크기를 달리하여 변화를 주거나, 전벽돌로 테두리를 만들고 그 내부에 벽돌을 쌓는 등 신경을 많이 썼다.

낙선재와 석복헌을 구분하는 담장의 서쪽면(낙선재 쪽)은 귀갑 무늬로 장식하였다. 낙선재 후원의 꽃담이 문양이 다양하고 화려하다면, 규칙적인 직선의 문양으로 장식한 이 꽃담은 단순하고 점잖다. 귀갑문이란 거북의 등을 도형화한 것이다. 정6각형의 기하 문양으로 우리나라에서 많이 쓰이고 발전된 것이다.[251] 거북은 사령(四靈)의 한 가지로서 길흉을 점칠 수 있는 동물이라고 한다. 특히 거북은 만 년을 사는 영물로 생각되었기 때문에 거북의 문양은 장수를 기원하는 의미를 가진다.[252] 십장생의 하나로 불로장생을 상징하는 것이다.[253] 귀갑문의 테두리 상단에는 회문을, 귀갑문이 끝나는 양단에는 반장 문양을 넣어 마무리하였다. 귀갑문·회문·반장은 기하학적인 문양으로 전벽돌로 만들기에 적합하다. 1902년 사진에서 이 담장의 모습을 볼 수 있는데 지금과 다른 부분이 있다. 사진 상으로는 회문 아래 전돌 한 줄이 더 있었다. 배면도 지금과는 달리 사괴석 5단 위에 전돌로 테두리를 만들고 그 안에 15단의 전돌을 쌓은 것이었다(배면은 〈그림 84〉 참조). 낙선재가 순종의 임시 거처로 수리될 때 담장을 보수하면서 변한 부분 같다.

낙선재 후원과 석복헌 후원 사이의 합문(7) 양옆 담장도 문양으로 장식하였다. 앞뒷면 모두 회문인데 모양이 다르다. 석복헌 후원과 수강재 후원

---

251) 황호근, 앞의 책, p.225.
252) 노자키 세이킨, 앞의 책, p.309.
253) 조용진, 앞의 책, p.103.

1902년
(출처:『조선고적도보』제10권, p.1,421)

현재

〈그림 88〉 낙선재 마당의 귀갑문 담장

사이의 합문(8) 옆 담장에는 포도와 매화, 당초 문양이 있다. 서쪽면(석복
헌 쪽)을 살펴보면 노매등걸에 새순이 하늘로 곧게 뻗어 올라 붉은 꽃망울
을 터뜨리고 있고, 그 반대면(수강재 쪽)에는 위에서 아래로 포도넝쿨이 늘
어져 탐스런 포도송이가 달렸다. 매화는 이른 봄에 홀로 피어 봄의 소식을
전하고 맑은 향기와 우아한 신선의 운치가 있어 순결과 절개, 장수의 상징
으로 널리 애호되었다.[254] 덩굴째 그려진 포도는 호리병박과 같이 자손만대
를 뜻한다. 포도 자체는 자손을, 덩굴은 만대를 의미하는 것이다.[255] 서쪽면

---

254) 허균, 앞의 책, p.77.
255) 조용진, 앞의 책, pp.89~91.

합문1의 꽃담(회문, 반장, 귀갑문)

합문9의 꽃담 남쪽면(회문, 연전)

합문9의 꽃담 북쪽면(회문, 연전)

합문13의 꽃담
(괴자룡, 福자, 喜자, 꽃송이)

합문11의 꽃담(귀갑문, 꽃송이)　　　합문7의 꽃담 동쪽면(회문)　　　합문7의 꽃담 서쪽면(회문)

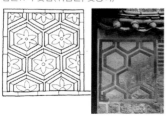
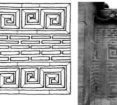
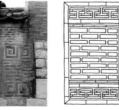

〈그림 89〉 낙선재 일곽의 꽃담

0　0.2　0.5　　1m

합문8의 꽃담 동쪽면(포도)

합문8의 꽃담 서쪽면(매화)

합문13의 꽃담(포도, 당초문)
－만월문 왼쪽 (1994년)

합문13의 꽃담(포도, 당초문)
－만월문 오른쪽 (현재)

합문8의 꽃담 서쪽면
(당초문)

0　10　20　　　　50cm

에는 위로 자라 오르는 당초 문양도 있다. 한 담장의 양면을 꾸미는 데 있어서 한 면은 아래서 위로 향하는 구도로, 다른 면은 위에서 아래로 향하는 구도로써 변화를 주고 그 구도에 잘 어울리는 소재인 매화나무와 포도덩굴을 디자인하여 세련미를 더하였다. 단순하고 강직하게 표현된 매화나무와 풍요롭고 유려하게 표현된 포도덩굴의 상반된 이미지가 조화롭게 구성된 도안이다.

낙선재와 평원루 사이에 꽃담이 있는데 양면의 문양이 흡사하다. 남쪽면(낙선재 쪽)과 북쪽면(평원루 쪽) 모두 회문과 연전(連錢)으로 꾸며 영원한 복을 기원한다. 회문을 둘러 사각틀을 만들고 그 안에 연전을 넣었는데 양면에 서로 다른 회문을 사용하여 변화를 주었다. 이 꽃담의 연전 문양은 세연지 다리에도 양각되어 후원 디자인에 통일성을 준다. 평원루와 한정당을 구분하는 담장 일부에 귀갑 무늬가 있다. 담장 서쪽면(평원루 쪽) 중에서 합문(11)과 닿는 부분이다. 전술한 귀갑 무늬와 흡사하나 귀갑 무늬 안에 만개한 꽃송이를 찍어 넣어 후원의 이미지에 어울리게 하였다.

평원루와 중희당 일곽을 구분하는 꽃담의 서쪽면(중희당 쪽)은 낙선재 일곽의 꽃담 중 가장 화사하고 아기자기하다. 이 꽃담에 있는 합문이 만월문(13)이다. 담장면 테두리는 괴자룡으로 장식하고 그 안에 문양들을 배치하였다. '福'자와 '喜'자를 도형화하고 글자 사이에 바알간 꽃잎이 흩어지는 꽃송이를 넣었다. 직선과 곡선, 인공인 글자와 자연인 꽃의 어울림은 이 담장을 활달하고 세련된 이미지로 만든다. 만월문 때문에 높아진 부분에는 전벽돌로 틀을 만들고 그 안에 포도송이와 당초를 함께 배치하였다. 지금은 좌우의 문양이 같지만 복원공사 당시엔 왼쪽 것이 지금과 달랐다. 오른쪽 문양은 위에서 내려오는 포도덩굴에 포도송이가 달린 것이고 왼쪽은 아래서 위로 자라난 포도나무에 포도송이가 달린 것이었다. 포도송이라는 같은 소재를 한쪽은 위에서 아래로 자라는 덩굴에, 다른 쪽은 아래서 위로 자라는 나무에 배치하여 통일감과 변화를 준 디자인이었다.

이상 살펴본 꽃담들은, 균형 잡힌 구도와 소재의 통일에서 오는 정적인 아름다움과 상반된 구도와 소재의 변화에서 오는 동적인 아름다움이 조화롭게 잘 표현된 도안들로 꾸며졌다.

3) 후원 · 화계

낙선재 일곽의 후원은 창덕궁의 후원처럼 그 속을 거닐며 완상하는 소요(逍遙)정원[256]보다는 누나 정에서, 청이나 방에서 창을 통해 바라보며 즐기는 정원의 성격이 강하다. 창이라는 작은 틀 속에 경관을 끌어들여 소우주적인 세계[257]를 담으려 하였는데 경관 속 후원은 자연에 인공의 요소를 가미시켜 연출한 공간이다. 이 공간은 화계와 꽃나무, 꽃담, 굴뚝, 석물 등으로 꾸며져 있다.

후원은 동산 아래와 위의 후원으로 구분되고 이들은 다시 주건물별로 담장으로 구분되어 있다. 동산 아래의 후원에는 주건물과 5~9m가량 떨어진 곳에 장대석으로 쌓은 화계가 있다. 화계의 수목은, 동산에 막혀 약화된 겨울바람을 다시 한 번 막아준다. 여름 한낮 마당은 태양에 노출되어 더운 상승기류가 생기는 반면, 건물과 화계 사이의 공간은 음지가 된다. 그러므로 대기의 순환으로 음지의 습하고 찬 공기가 마당 쪽으로 이동한다. 덕분에 여름날 각 건물의 대청에 앉아 있으면 후원 쪽 창문으로 들어오는 시원한 바람을 느낄 수 있다. 화계에는 굴뚝과 계단이 있고 뒷동산에는 누나 정

---

256) 주남철, 『한국건축미』, 일지사, 1983, p.245.
257) 이상해, 『궁궐 · 유교건축』, 솔출판사, 2004, p.6.

<그림 90> 평원루에서 조망(낙선재 일곽과 종묘, 남산이 보임)

이 있다. 각 건물에서 보이는 후원의 모습은 아름답다. 대청이나 방에서 후원을 바라보면 정연한 화계 위로 하늘을 배경 삼아 자리 잡은 누·정을 감상할 수 있고, 화계와 동산으로 오르는 계단, 길게 드리워진 처마 그림자, 굴뚝이 어우러진 아늑한 공간을 느낄 수 있다. 동산 위 낙선재 영역에는 평원루와 북행랑, 석상이 있고 석복헌 영역에는 한정당과 괴석, 석대가 있다. 수강재 영역에는 취운정이 있고 그 앞 나무에 돌로 된 둥근 테가 있다. 평원루는 낙선재 일곽의 가장 높은 자리에 위치하였기 때문에 누에 올라 낙선재 일곽은 물론이고 종묘와 남산까지 조망할 수 있다.

　낙선재 일곽의 후원구성에 중요한 역할을 하는 화계는 조선시대에 발생한 새로운 정원양식이다.[258] 조선시대에는 풍수사상의 영향으로 자연에 순

258) 민경현, 『한국정원문화—시원과 변천론』, 예경산업사, 1991, p.38.

응하는 조원기법이 개발되어 뒤뜰의 경사지를 함부로 없애거나 하지 않고 화계로 활용하기 시작한다.[259] 그런데 『임원경제지』제9편 〈섬용지〉의 영조지제 정제(庭除)조에서 말하는 화계는[260] 경사지를 이용한 것이 아니라 돌을 쌓아 만드는 것이다. 이 책을 저술할 당시 화계는 경사지의 처리방법을 넘어서 정원을 구성하는 필수요소로 자리매김을 한 것으로 보인다.

낙선재 일곽의 화계는 5m가 넘는 동산의 경사지를 적절히 활용한 방법으로 평지를 동산으로 자연스럽게 연결시킬 뿐 아니라 정원을 구성하는 요소들이 베풀어지는 무대가 된다. 화계 위에는 수목과 굴뚝이, 아래에는 괴석과 세연지가 놓이고, 담장은 가로로 긴 장대석의 단들을 타고 넘어 동산까지 이른다.

낙선재와 석복헌 후원의 화계는 5단, 석복헌 후원의 모서리 화계와 수강재 후원의 화계는 3단으로 조영되어 있다. 낙선재 화계의 계단은 세 번째 화계에서 양쪽으로 나뉘어 ㄱ자로 꺾이고 다음 단에서 다시 한 번 꺾어 오르게 되어 있으나 석복헌과 수강재 화계의 계단은 꺾임 없이 한 번에 오를 수 있게 직선으로 되어 있다. 현재와 달리 「동궐도형」에는 낙선재 후원의 화계를 4단으로, 석복헌 후원은 기단과 같이 외벌대로, 모서리 부분만 1단의 화계로 그려져 있다. 수강재 후원의 화계는 1단, 모서리 부분만 2단으로

---

259) 민경현, 앞의 책, p.51.
  『임원경제지』제15편 〈상택지〉의 점기(占基) 지리(地理)조에서도 '[논산곡양기(論山谷陽基)] ……
  절대로 함부로 땅을 파서 넓게 함으로써 기맥을 손상시켜서는 안된다'라고 하여 건축을 조영할
  때 자연 훼손이 금기시되었음을 잘 나타내고 있다(서유구, 〈임원경제지〉, 역자: 김성우 · 안대회,
  『꾸밈』, 1989.8, pp.92~93).
260) [화계(花階)] 서재의 남쪽과 북쪽 뜰의 담벼락 아래에는 돌을 쌓아서 계단을 만들어 화훼를 심
  고, 분재를 진열하게 함이 마땅한데 혹은 한 계단으로 하고, 혹은 두세 계단으로 만들되 땅의
  높낮이에 따라 정한다(서유구, 〈임원경제지〉, 역자: 김성우 · 안대회, 『건축과 환경』, 1987.12,
  p.120).

1902년 (출처:『조선고적도보』제10권, p.1,422)

1994년

현재

〈그림 91〉 낙선재 후원 화계

그려져 있다. 낙선재 후원의 화계는 「동궐도형」과 1단 차이가 나지만 1902년 세키노 타다시가 찍은 사진(〈그림 91〉 맨 위)에서는 현재와 같은 모습의 화계를 볼 수 있다. 이 사진을 통해 낙선재의 화계에 큰 변화가 없었음을 알 수 있다. 석복헌과 수강재 후원의 화계는 사진이 없어 비교할 수는 없으나 한정당이 지어지고 취운정 옆의 담장이 철거되면서 다시 조영된 것 같다.

화계의 수종은 일제강점기 후 변형된 것이었다. 복원 전 낙선재 일곽의 화계는 「동궐도」에 묘사된 화계들과 그 모습이 사뭇 달랐다. 「동궐도」에 그려진 화계의 나무들은 그 수가 적을 뿐 아니라 수종도 관상수가 아니다. 창덕궁 후원의 여러 나무와 똑같이 묘사되어 있다. 창덕궁 후원을 조사한 결과 일제강점기 전 후원의 나무는 사철의 드나듦이 완연한 식종으로 구성되어 있었다고 한다. 신록과 녹음과 열매와 단풍이 아름다운, 자연스러운 수종으로 구성되어 있었던 것이다.[261] 그러나 복원 전 낙선재 일곽의 화계는 인공적인 관상수들로 가득 차 있었고 심지어는 주건물의 마당에도 관상수가 심어져 있었다. 빽빽한 화계에 여백을 주고 인공적인 화계에 자연스러움을 되찾아주어야 했다. 다행히 현재 낙선재 일곽은 복원공사 후 제 모습을 찾아가고 있다.

4) 굴뚝

궁궐과 중·상류주택 등에서는 굴뚝이 건물과 독립되어 조영되기도 하였다.[262] 이러한 굴뚝은 온돌구조에 의해 생겨났지만 주로 후원에 위치하기 때문에 정원의 한 요소로서 장식적인 역할을 하기도 한다. 경복궁 연조공

---

261) 정재훈, 「창덕궁 후원에 대하여」, 『고고미술』제136·137호, 한국미술사학회, 1978.3, p.205.
262) 주남철, 『한국건축의장』, pp.147~149.

〈그림 92〉 낙선재 동온실에서 후원 조망
(1994년)

간인 교태전의 아미산 굴뚝과 자경전의 굴뚝이 그러하다.

낙선재 일곽 후원에는 전벽돌로 쌓아 만든 5개의 굴뚝이 있다. 낙선재 화계에 2개, 석복헌 화계에 2개, 수강재 화계에 1개가 있는데 낙선재 일곽이 순종과 윤비의 거처로 보수되면서 모두 변형되었다. 굴뚝들은 실용적인 면을 고려해 두세 배가량 높아졌기 때문에 정원을 꾸미는 역할은 하지 못하고 있었다. 특히 낙선재 화계에 있는 굴뚝 중 하나는 유독 커서 낙선재 동온실에서 후원을 내다보면 보이는 것은 엄청난 크기의 굴뚝뿐, 나지막한 굴뚝과 화계, 합문이 어우러진 아름다운 후원을 볼 수 없었다. 변형 전 굴뚝의 모습을 1902년 사진(〈그림 93〉 왼쪽)에서 확인할 수 있다. 아담한 크기에 기와지붕 위로 연가(煙家)가 있고 전면에는 '壽'(수)자가, 측면에는 '歲'(세)자가 도형화되어 있었다. 사진에서는 두 글자만 보이지만 歲자와 壽자만으로는 뜻이 통하지 않기 때문에 반대쪽 측면에 萬(만)자나 千(천)자가 있어 '만세수(萬歲壽)'나 '천세수(千歲壽)'를 의미했을 것이다. 굴뚝이 높아지면서 기와지붕과 연가, 측면의 글자는 없어졌고 전면에 '壽'자 문양만 남아 있었다. 이 외의 굴뚝에도 문양이 있었는지는 확인할 수 없지만 원형대로였다면 일곽의 모든 굴뚝이 아미산, 자경전 굴뚝과 함께 정원을 꾸미는 대표적인 예에 들 수 있었을 것이다.

편리와 기능을 위해 높아졌던 굴뚝들은 복원 후 모두 낮아졌고 낙선재

1902년 현재
(출처:『조선고적도보』제10권, p.1,422)

〈그림 93〉 낙선재 후원의 굴뚝

1,000

〈그림 94〉 낙선재 후원 굴뚝의 '壽'(수)자

화계의 굴뚝도 사진대로 복원이 되었다. 남아 있던 '壽'자 문양을 중심으로
양 측면에 '歲'자와 '萬'자 문양이 새로 만들어져 뜻도 통하게 되었다. 김명
길 상궁은 옛 후원을 회상하며 '화단을 가르는 정교한 담장과 굴뚝도 그 높

이를 달리해 화단에 심은 꽃나무와 키를 맞추고 화단의 전체적인 균형을 맞추었다'[263]고 하였는데 현재, 이렇게 정성들여 꾸몄던 화계의 모습을 다시 볼 수 있다.

5) 석물

옥외공간의 점경물인 석물들은 다양한 종류와 형태로 후원과 마당에 위치한다. 낙선재 일곽의 석물은 모두 7종류이다. 괴석[264]이 9개로 가장 많고 한 쌍의 석대가 있으며 세연지와 물확, 석상, 나무테, 노둣돌이 1개씩 있다.

(1) 괴석의 석분

낙선재 일곽을 조영할 당시엔 정원을 선경으로 만드는 것이 보편적인 것이었다.[265] 앞에서 이미 살펴본 여러 문양에서도 불로장생을 약속한다는 신선사상을 읽을 수 있고, 괴석들도 그런 경향을 띠고 있다. 현재 괴석들은 낙선재 후원과 석복헌 후원에 있다. 낙선재 화계 앞에는 3개의 괴석이 있는데 석분의 형태가 모두 달라 평면 모양이 4각형, 6각형, 8각형이다.

4각형의 석분은 두 단으로 되어 있고, 아랫단은 전면에만 방울을 단 산예(狻猊)와 수구(繡球)가 양각되어 있다. 산예는 신령스럽고 기이한 동물로

---

263) 김명길, 앞의 책, p.14.
264) 이 책에서는 괴석을 받치고 있는 석분에 대해 고찰한다.
265) 정동오는 '……신선정원양식은 우리나라의 삼국시대부터 도입되어 조선시대에 이르러서는 공식처럼 되고 있다'라고 하였다(『한국의 정원』, 민음사, 1986, p.294).
『임원경제지』제14편 〈이운지〉의 형비포치(衡泌鋪置) 총론(總論)조에 '[소봉래(小蓬萊)]'에 대해 쓰고 있어 선경을 삶의 주변에 재현시키고자 하는 당시의 조원의도가 보편적이었음을 알 수 있다 (서유구, 〈임원경제지〉, 역자: 김성우 · 안대회, 『꾸밈』, 1988.12, p.108, p.111).

어떤 동물들이라도 마주치기만 하면 두려움을 느끼는 백수의 왕이다. 수구
는 암수 산예가 서로 희롱할 때 부드러운 털이 합쳐져 얽혀 만들어진 공이
며 새끼 산예는 바로 이 속에서 태어난다고 전해진다. 그러므로 '수놓은 공
[繡球, 수구]'은 매우 길상적인 물건으로 간주된다.[266] 낙선재 후원의 평원루
천정에는 용 중의 왕인 규룡이, 합문에는 새의 왕인 봉황이, 석분에는 백수
의 왕인 산예가 새겨져 있어 이곳이 임금의 영역임을 말해준다.

4각형 석분의 윗단은 네 면 모두 다른 문양으로 조각되어 있다. 전면에
는 입에 무언가를 문 비천하는 새와 구름, 수파문(水波紋)을 새겼다. 수파
문은 도식화된 물결 문양을 말하는데 석분에 사용된 수파문은 모두 물고
기 비늘을 닮은 '와수(臥水)'이다. 수파문은 '산수복해(山壽福海)'의 복해를 상
징하기도 하고 물결(潮)이 조(朝)와 동음이기에 조정(朝廷)을 상징하기도 한
다.[267] 배면에는 만개한 모란 두 송이를 새겼는데 모란은 꽃 중의 왕으로 최
고의 지위나 부귀를 상징한다.[268]

동측면과 서측면에는 모두 수파문 위에 연꽃 등을 새겼는데 연꽃의 모습
이 서로 다르다. 동쪽에는 만개한 연꽃 두 송이를, 서쪽에는 연밥이 들어
있는 송이를 양각하였다. 송대의 유학자 주돈이(周敦頤)가 〈애련설(愛蓮說)〉
에서 "국화는 꽃 가운데 은일지사(隱逸之士)요, 모란은 꽃 가운데 부귀한 자
요, 연꽃은 꽃 가운데 군자라고 생각한다"라고 하여 연꽃이 군자의 상징으
로 알려졌고, 靑蓮(청련)과 淸廉(청렴)은 중국식 발음이 같기 때문에 연화문
이 청렴결백하기를 바라는 내용으로도 사용되어 왔다.[269] 식물들은 대부분

---

266) 노자키 세이킨, 앞의 책, pp.515~517.
267) 허균, 앞의 책, p.122.
268) 노자키 세이킨, 앞의 책, p.332, p.335; 조용진, 앞의 책, p.92.
269) 노자키 세이킨, 앞의 책, p.404, p.575.

① 낙선재 후원의 4각형 석분
② 낙선재 후원의 6각형 석분
③ 낙선재 후원의 8각형 석분
④ 낙선재 후원(평원루 앞)의 4각형 석분
⑤ 석복헌 후원(한정당 앞)의 4각형 석분
⑥ 석복헌 후원(한정당 앞)의 6각형 석분
⑦ 석복헌 후원(한정당 앞)의 6각형 석분

〈그림 95〉 낙선재 일곽의 석분

석분① 윗단 전면의
새, 구름, 수파문

석분① 윗단 배면의 모란

석분① 아랫단의 산예, 수구

석분① 윗단 동측면의
연꽃, 봉오리, 연잎, 수파문

석분① 윗단 서측면의
연밥과 연꽃, 봉오리, 연잎, 수파문

석분②의 모란

석분⑤의 당초문과 국화판

석분⑤의 모란과 국화판

석분⑦의 모란

〈그림 96〉 석분에 새겨진 문양
(석분⑤와 ⑦의 지면과 닿는 부분 문양이 그림 상에 빠져 있음)

꽃이 핀 다음에 열매를 맺는데 연꽃은 꽃과 열매가 동시에 생장하는 식물로서 연밥이 들어 있는 연꽃은 빠른 시일 안에 귀한 아들을 낳는 것을 의미한다.[270] 이 두 면의 도안을 살펴보면 유사한 소재와 삼각형 구도로 통일감을 주면서 조각한 대상 하나하나의 디자인을 달리하여 변화를 준 것을 알 수 있다. 균형이 잘 잡힌, 세련되고 단아한 한 쌍이다.

6각형의 석분도 두 단인데 아랫단과 윗단이 대칭으로 되어 있다. 아랫단에는 구름이 감겨 있고 윗단은 여섯 면 모두가 똑같은 모란 문양이다. 8각형 석분의 아랫단에는 조각된 8개의 다리가 있고 윗단에는 '小瀛洲'(소영주)라고 새겨져 있다. '영주'란 선인이 살고 불로의 영약이 있다는 삼신산[봉래산(逢萊山). 방장산(方丈山). 영주][271]의 하나이다. 신선들이 사는 장소인 선경은 축수(祝壽)하는 길상의 의미를 지니기도 한다.[272] 이 석분 위의 괴석에는

'雲飛玉立'(운비옥립)이라는 글과 낙관이 새겨져 있다. '구름이 날고 옥돌이 서 있네'라는 글귀는 괴석이 서 있는 이곳이 구름 위의 선경, 즉 영주임을 의미하기도 한다. 원래 이 말은 당대(唐代)의 시인 두보(杜甫.

〈그림 97〉 석분③의 괴석에 새겨진 글귀

---

270) 노자키 세이킨, 앞의 책, p.384.
271) 사마천, 『사기』封禪書 第六: '이 신산(神山)은 발해(勃海)에 있어서 인계(人界)로부터 멀지 않다.…… 여러 선인과 불로의 영약이 있으며 온갖 금수는 모두 희고 궁궐은 금과 은으로 지어졌다. 멀리에서 바라보면 마치 구름을 바라보는 것 같고 닿아보면 삼신산(三神山)이 뒤집혀져 물속에 자리잡는다'(윤국병, 『조경사』, 일조각, 1978, p.10에서 재인용).
272) 박본수, 「조선후기 십장생도 연구: 궁중 '십장생병풍'을 중심으로」, 『병풍에 그린 송학이 날아 나올 때까지: 십장생』, 궁중유물전시관, 2004, p.253, p.256.

712~770)가 흰 매와 검은 매를 읊은 시의 한 구절('雲飛玉立盡淸秋')에서 따온 것으로, 시에서는 "흰 매가 날 때는 구름이 나는 것과 같고 우뚝하게 앉아 있을 때는 흰 옥이 서 있는 것 같다"는 뜻으로 쓰였다.[273]

석복헌 후원 동산에는 5개의 괴석이 있다. 하나는 한정당 기단 바로 앞에 있는 것으로 석분의 아랫단이 긴 석주형으로 되어 있다. 아랫단 위쪽에 연꽃을 새겨 윗단을 받치게 하였다. 윗단은 앞에서 살펴본 6각형 석분 아랫단을 뒤집어놓은 것과 같은 형상이다. 한정당 앞뜰에 나머지 4개의 괴석이 놓여 있는데 석분의 모양이 두 개씩 같다. 4각형 석분의 아랫단은 국화판(菊花瓣)으로 장식하였다. 국화는 은일지사로 여겨졌을 뿐 아니라 장수화라 하여 건강하게 장수하기를 바라는 의미를 지닌다. 이런 국화의 꽃잎을 서로 연결하여 도안한 것을 국화판이라 한다.[274] 윗단의 전면과 배면엔 모란을, 양측면에는 당초를 양각하였다. 6각형의 석분은 한 단으로 되어 있고 여섯 면 모두 모란으로 장식하였다. 평원루 앞에도 괴석이 놓여 있는데 4각형의 석분이 단순하다. 두 단의 다듬은 돌로 장식은 전혀 하지 않았다.

(2) 세연지 · 물확

『임원경제지』에서 '[서재(書齋)] ……서재 곁에 벼루를 씻는 세연지(洗硯池)를 한 곳 마련하고……'[275]라고 한 것처럼 낙선재의 후원에는 돌을 깎아 만든 세연지가 있다. 세연지는 방형으로 장식 없이 단순하고, 그것을 받치는 4개의 동그란 다리는 화강암을 깎아 만든 것으로 문양이 조각되어

---

273) 이광호, 『궁궐의 현판과 주련 2』, 수류산방, 2007, p.125.
274) 노자키 세이킨, 앞의 책, pp.213~214, p.216.
275) 서유구, 〈임원경제지〉, 역자: 김성우 · 안대회, 『꾸밈』, 1989.4, p.94: 제14편 〈이운지〉의 형비포치(衡泌鋪置) 재료정사(齋寮亭榭)조.

〈그림 98〉 세연지(왼쪽)와 물확(오른쪽)

〈그림 99〉 세연지 다리의 연전 문양

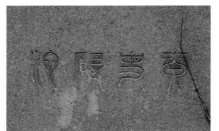

〈그림 100〉 세연지에 새겨진 글귀

있다. 이 문양은 앞에서 이미 살펴보았던 낙선재 후원 꽃담(합문9가 위치한 담장)의 연전 문양과 같다. 연전 사이에 고리를 새겨 넣은 것이 특이하다. 세연지 전면에는 '琴史硯池'(금사연지)라고 새겨져 있다. 거문고도 타고 책도 보는 곳의 세연지라는 뜻으로 헌종의 연침인 낙선재와 잘 어울리는 이름이다.

물확은 본래 작은 돌절구를 의미한다.[276] 물을 담아 마당에 놓고 물에 비친 하늘이나 나무를 감상하는 것으로 정교한 조각을 하는 경우도 있다. 현재 석복헌의 합문(수강재와 통하는 문2) 옆에 있는 물확은 방형의 자연석에

---

276) 주남철, 「전통고정원의 복원에 관한 조사연구」, 『건축』, 대한건축학회, 1982.7~8, p.47.

윗면만 다듬어 만든 것이다. 중앙에는 물을 담아 놓기 위한 동그란 홈이 파져 있다.

(3) 석상 · 석대 · 나무테 · 노둣돌

석상은 평원루 앞의 경사지에 위치한다. 잘 다듬은 석판을 화강암의 다리가 받치는데 경사지임을 고려해 뒷열 다리가 짧다. 동산에서 책을 보거나 차를 마실 때 사용한 것으로 생각한다. 동산 위에서도 서화를 즐길 수 있게 계획된 것이다.

석복헌 후원의 계단을 오르면 계단 양옆에 8각형의 석대가 놓여 있다. 화분이나 화병, 조명기구 등을 올려놓기에 적합한 듯 보이나 정확한 용도는 알아내지 못하였다.

「동궐도」에는 다듬은 돌들이 방형이나 원형으로 나무 밑동을 둘러싸고

석상

석대

나무테(1994년)

노둣돌

〈그림 101〉 석상 · 석대 · 나무테 · 노둣돌

「동궐도」에 표시   현재

〈그림 102〉 취운정 앞마당의 나무테

있는 그림이 몇몇 있다. 취운정 앞의 나무에도 둥근 테가 그려져 있는 것을 볼 수 있는데 이런 것이 현재 취운정 앞마당에 있다. 화강암을 깎아 조합한 것으로 이 일대 다른 나무에서는 볼 수 없다. 나무 밑동이 굵어짐에 따라 나무테를 크게 하기 위해 돌의 조각 수를 늘려 옛 돌과 지금의 돌이 섞여 있다. 낙선재 일곽 건물들 중 가장 오래된 취운정 앞에서 고목의 밑동을 두르고 있는 이 나무테는 오랜 세월을 거치면서 이 자리에 서 있는 취운정의 역사를 다시 한번 상기시켜 준다.

초헌을 타고 들어온 헌종이 낙선재에 다다라 초헌에서 내릴 때는 발 디딜 노둣돌이 필요하다. 낙선재의 가운데 계단에는 ㄴ자로 깎아 만든 노둣돌이 놓여 있다. ㄴ자형으로 되어 있기 때문에 초헌에서 내린 헌종은 땅을 밟지 않고 바로 계단을 올라 낙선재로 들어갈 수 있었을 것이다.

6. 편액 · 주련

1) 편액

편액(扁額)은 주로 판재에 건물의 이름 따위를 써서 문 위나 실내에 걸어

놓는 것을 말한다. 편액에 쓰인 건축물의 이름은 지은 사람의 철학이 담긴 것으로 대부분 경전의 훌륭한 문구를 인용하거나 자연의 형상을 표현하여 지어진다. 현재 낙선재 일곽에 걸려 있는 편액은 '樂善齋'(낙선재)와 '錫福軒'(석복헌), '壽康齋'(수강재), '長樂門'(장락문), '寶蘇堂'(보소당), '上涼亭'(상량정)이고 이외의 것들에 대해선 사료와 유물을 통해 알 수 있다.

'樂善(낙선)'과 '錫福(석복)', '壽康(수강)'의 의미는 Ⅲ장에서 살펴보았다. '樂善齋' 편액은 청나라 문인 섭지선(葉志詵, 1779~1863)이 쓴 것으로 섭지선은 김정희(1786~1856)를 비롯한 조선의 명사들과 깊은 교유가 있었다고 한다.[277] '長樂(장락)'은 낙선재 중문의 이름으로 선행을 행하면 즐겁고 백성 또한 즐거우니 그 즐거움이 영원하라는 의미이다. '長樂門' 편액은 김정희의 문인이자 제자인[278] 이하응(李昰應, 1820~1898)의 글씨이다.[279] 이하응은 헌종이 친정(親政)을 시작한 헌종 7년(1841) 흥선정(興宣正)이 되었고, 헌종 9년에 흥선군(興宣君)에 봉해졌다. 장서각장본『궁궐지』에는 낙선재에 '寶蘇(보소)'라는 편액이 걸려 있다[280]고 하였는데 '寶蘇堂'이란 헌종의 당호로 현재 낙선재 동온실에 걸려 있다. 청대(淸代) 문학 · 서예 · 금석학(金石學)의 대가 옹방강(翁方綱, 1733~1818)과 그의 제자 김정희가 모두 '보소재(寶蘇齋)'라는 당호를 썼다[281]고 하니 그들에 대한 헌종의 애정이 남달랐음을 느낄 수 있다.

『소치실록』에는 낙선재에 김정희가 쓴 많은 편액이 걸려 있다고 하였다.

---

277) 이광호, 앞의 책, p.112.
278) 유홍준, 『완당평전1: 일세를 풍미하는 완당바람』, 학고재, 2002, p.295; 『완당평전3: 자료 · 해제편』, p.316.
279) 이광호, 앞의 책, p.122.
280) 『궁궐지』, 장서각장본, p.54(마이크로필름의 쪽수).
281) 이광호, 앞의 책, p.126.

'樂善齋'(낙선재) 편액

'寶蘇堂'(보소당) 편액

'長樂門'(장락문) 편액

'平遠樓'(평원루) 편액 (출처:국립고궁박물관)

'允執厥中'(윤집궐중) 편액 (출처:국립고궁박물관)

〈그림 103〉 낙선재 일곽의 편액

<그림 104> 향천연지

'……좌우의 현판 글씨는 완당(阮堂: 추사의 또 다른 호)의 것이 많더군요. 향천(香泉), 연경루(研經樓), 길금정석재(吉金貞石齋), 유재(留齋: 완당이 제주에 있을 때에 써서 판자에 새겼는데 바다를 건너다 떠내려 보냈다가 일본에서 찾아온 것임), 자이당(自怡堂), 고조당(古藻堂: 당은 낙선재의 앞과 좌우 3면을 두르고 있는 것으로 서화를 많이 간직하고 있었음)이 그것이었소.'[282]

'향천(香泉)'이란 헌종의 호[283]로서 편액은 현존하지 않지만, 헌종이 편전으로 사용했던 중희당 일곽의 서고인 소주합루(승화루) 옆에 '香泉硏池'(향천연지)라고 새겨진 세연지가 있다. '研經樓'(연경루)는 낙선재의 누에 걸렸을 것으로 추정하는 편액으로 이곳이 경서를 공부하는 곳임을 의미한다.

'吉金貞石齋'(길금정석재)라는 김정희 글씨체의 편액이, '凡物必有可觀'(범물필유가관, 모든 물건은 반드시 볼만한 가치가 있다)이라는 편액과 함께 복원공사 시작 당시까지 낙선재 대청 안에 걸려 있었다.[284] 전자와 유사한 편액이 전주 한옥마을의 '학인당(學忍堂)'에 있는데 김정희 글씨이다. 얼핏 보면

---

282) 허유, 앞의 책, p.18.
　　원문(p.169): ……左右題扁多是阮堂書(秋史一號阮堂)香泉研經樓吉金貞石齋留齋(阮堂在濟中時書之刻板渡海漂失覓來於日本者也)自怡堂古藻堂(堂是樂善齋之前左右三面環抱者多藏書畵)
　　『소치실록』 번역문에는 '길금정석재'라는 편액명이 없으나 원문에 있는 것을 확인하였으므로 번역시 누락된 것으로 보아 인용문에 넣었다.
283) 국립고궁박물관 편저, 앞의 책, p.24.
284) 〈고 이방자 여사의 장례 현장〉(1989, KTV 국가기록영상관 http://film.ktv.go.kr/ /영상관) 영상자료에서도 이 편액이 있었음을 확인할 수 있다.

낙선재 대청

'凡物必有可觀'(범물필유가관) 편액

'吉金貞石齋'(길금정석재) 편액

〈그림 105〉낙선재 대청에 걸렸던 편액
(1992년, 출처:국가기록원)

〈그림 106〉학인당의 편액 (출처:새전북신문)[285]

낙선재의 것과 같아 보일 정도로 닮았다. 사진 상으로 낙선재의 것은 낙관이 보이지 않는다. 낙선재에 있던 것이 허유가 말한 그 편액인지 복각(復刻)한 것인지 전문가의 감정이 필요한데 대청에 걸렸던 두 편액 모두 복원공사 후 행방을 알 수 없었다. '길금정석'이란 금석학에서 글자를 양각·음각하는 재료를 말한다. 헌종의 금석학에 대한 각별함을 짐작할 수 있는 편액인데 실제로 '樂善齋'(낙선재), '寶蘇堂'(보소당), '香泉'(향천), '研經樓'(연경루), '吉金貞石'(길금정석)은 모두 『보소당인존(寶蘇堂印存)』에 실린 인장들로서 헌종이 사용하였다.[286]

'留齋(유재)'는 김정희의 제자 남병길(南秉吉, 1820~1869)의 호이고[287] '自怡堂(자이당)'은 정약용(丁若鏞, 1762~1836)의 제자 이시헌(李時憲, 1803~1860)의 호이다.[288] 현재 '留齋'라고 쓴 김정희 글씨의 현판은 복각되어 여럿 있는데 그중 일암관(日巖館)에 소장 중인 것이 명품이라 한다.[289] 자신의 연침에 현존 문인들의 호를 김정희 글씨의 편액으로 걸어놓을 정도로 헌종은 시문과 서화에 조예가 깊었다. 헌종이 소장한 서화들은 낙선재의 남행랑과 서행랑에 보관되어 있었고 이 행랑들이, 예스럽고 아름다운 서화가 있는 집이라는 뜻의 '古藻堂(고조당)'이다.

평원루에는 현재 '上凉亭'(상량정)이라고 쓴 작고 허술한 편액이 걸려 있으나 『소치실록』에는 평원정, 장서각장본 『궁궐지』와 「동궐도형」에는 평원

285) 새전북신문 http://www.sjbnews.com/ /학인당 편액 검색(〈전주 한옥마을 '추사 김정희' 편액 무사귀환〉, 2009.5.4).
286) 국립고궁박물관 편저, 앞의 책, p.19, p.21, p.22, p.26, p.74.
    단, '吉金貞石' 인장의 사용자는 불분명하다고 한다.
287) 유홍준, 『완당평전2: 산은 높고 바다는 깊네』, 학고재, 2002, p.434.
288) 임형택, 『우리 고전을 찾아서: 한국의 사상과 문화의 뿌리』, 한길사, 2007, p.388.
289) 유홍준, 『완당평전2』, p.434.

루라 기록된 것으로 보아 상량정이란 이름은 후대에 붙여진 것으로 추정한다. 현재 국립고궁박물관에 소장 중인 '平遠樓'(평원루) 편액은 옹수곤(翁樹崑. 1786~1815)이 썼는데[290] 그는 옹방강의 아들이다. 옹수곤은 추사의 친구였다고 하니 헌종이 김정희를 비롯해 많은 문예인들과 친분을 맺고 있었음을 알 수 있다. '평원(平遠)'이란 아득히 먼 풍경을 내려다봄을 의미하는데 평원루에 올라 감상하는 누 아래로 펼쳐진 광경이 건물의 이름과 맞춤이다. 누는 이층으로 된 집으로 좋은 경치가 내려다보이는 곳에 지어진다. 누의 이름은 입지한 주변 자연환경이나 누에서 보이는 경관 그 자체에서 뜻을 취하여 정한 것이 대부분이다.[291] 평원루라는 이름도 이러한 방법으로 지어진 것이다.

낙선재 일곽 후원의 또 다른 건물인 '취운정'은 푸른 구름을 의미하는 이름으로 '翠(취)'와 '雲(운)'은 우리나라 누·정의 이름에 많이 등장한다. 자연경관의 구성요소를 누·정의 이름으로 하는 것은 우리나라 누·정 건축에서는 보편적인 것이다.[292] 취운정에는 현재 편액이 없으나 국립고궁박물관에 소장 중인 '允執厥中'(윤집궐중)이란 편액이 걸려 있었다고 한다. 건물이나 실의 이름이 아니므로 취운정 안쪽에 있었을 것으로 추정한다. 이 편액은 숙종이 쓴 것으로 『서경(書經)』 대우모(大禹謨)에 나오는 "진실로 그 중용의 도를 지키라"는 뜻의 글귀이다.[293] 요임금이 순임금에게, 순임금이 우임금에게 선위할 때 한 말로서 개인의 수양과 치국의 원리로 중시되었다. 숙종이 즐겨 찾았던 정자는 후대 낙선재 일곽 후원의 주요 건물이 되어서도

---

290) 국립고궁박물관 http://www.gogung.go.kr/ /유물안내〉유물검색〉평원루 검색.
291) 안계복, 「루각 및 정자양식을 통한 한국 전통정원의 특성에 관한 연구」, 서울대학교대학원 원예학과 박사학위논문, 1989, p.3, p.6, p.44.
292) 안계복, 앞의 논문, p.45, p.48.
293) 국립고궁박물관 http://www.gogung.go.kr/ /유물안내〉유물검색〉어필 윤집궐중 검색.

〈그림 107〉 '낙선재 상량문 현판' (출처:국립고궁박물관)

선왕의 가르침과 풍류를 고스란히 간직하고 있었다.

　국립고궁박물관에는 평원루와 취운정의 편액 외에 '낙선재 상량문 현판'이 보관되어 있다.[294] 상량대에 들어 있는 상량문의 내용은 집을 해체하지 않고서야 알 수 없기 때문에 상량문을 새긴 현판을 따로 만들어 걸어두기도 하는데[295] 낙선재의 경우도 그러했다. 낙선재에 걸려 있던 상량문 현판은 연와창고(煉瓦倉庫)[296]에 보관되어 있다가 1992년 덕수궁 궁중유물전시관에 이관, 2005년에는 국립고궁박물관에 이관되어 오늘에 이른다.[297] 목판에 상량문을 음각한 것으로 본문은 육위송(六偉頌) 부분의 '兒郞偉'(아랑위)만 생략되어 있을 뿐『원헌고』에 실린 '낙선재 상량문'과 같다. 본문 시작 전에 '御製'(어제)라 새겨 헌종이 지었음을 밝히고 있고 본문 끝에는 '道光

---

294) 국립고궁박물관 http://www.gogung.go.kr/ /유물안내〉유물검색〉어제 낙선재상량문 검색.
295) 신응수,『천년 궁궐을 짓는다: 궁궐 도편수 신응수의 삶과 고건축 이야기』, 김영사, 2008, p.148.
296) 연와창고란 낙선재 일곽의 유물을 비롯해 창덕궁의 유물들이 보관되어 있었던 창고로 수강재 동쪽에 위치하였었다(〈그림 23〉 낙선재 일곽 횡단면도 상의 맨 오른쪽 건물). 창문 없이 출입구인 철문만 있었던 붉은 벽돌건물로 낙선재 일곽 복원공사 때 헐리고 현존하지 않는다. 보관 유물들은 박물관 등으로 이관되었다고 한다(현창종합건축 박창열 소장과의 대담).
297) 국립고궁박물관 서준 연구원과의 대담.

二十七年丁未榴夏'(도광27년정미유하), 즉 1847년 5월이라는 상량한 때를 적고 있다. 마지막에는 당시 규장각대교 등을 역임한 조봉하(趙鳳夏, 1817~?)가 교지를 받들어 글씨를 썼다[298]고 새겨져 있다. 조봉하는, 헌종이 키우려 했던 친위세력의 중심인물이며 김씨를 헌종의 부인(경빈)으로 들이는 데 일조했던 조병현의 아들이다.

2) 주련

주련이란 기둥이나 벽에 대구(對句)가 되는 글귀를 써 붙인 것으로 단독으로 존재하는 경우는 거의 없고 대체로 짝을 이룬다. 글귀는 예부터 전하는 시문이고 글씨는 당대의 명필들이 쓴 것을 새긴 것이다. 거주자는 가옥을 꾸미는 이러한 주련을 수시로 감상하면서 인격 수양에 힘쓰고 멋과 운치를 누릴 수 있다.[299]

낙선재 일곽 중 헌종의 공간인 낙선재 영역에 주련이 있다. 지금은 낙선재에만 주련이 걸려 있지만 『조선고적도보』에 실린 1902년 사진(〈그림 32〉 참조)에서 낙선재 서행랑에도 주련이 있는 것을 볼 수 있다. 남행랑의 사진은 없어 확인할 길이 없으나 서행랑과 남행랑이 함께 고조당이었던 것과 낙선재에서 정면으로 보여 문살에까지 정성을 쏟았던 점으로 미루어보아 남행랑에도 주련이 있었을 것으로 추정한다. 지금의 서행랑은 복원 당시 새로 지은 것이고 현재 남서행랑 모두에 주련은 없다. 1928년 낙선재 서행랑이 철거되고 그 자리에 현대식 건물이 새로 지어졌는데 이때 떼어낸 주련이 다시 걸리지 않은 듯하다.

---

298) 낙선재 상량문 현판 끝 부분에 '通政大夫承政院都承旨兼經筵參贊官春秋館修撰官藝文館直提學尙瑞院正 奎章閣檢校待敎知製敎臣趙鳳夏奉 敎謹書'라고 새겨져 있다.
299) 이광호, 앞의 책, pp.4~7.

현재 낙선재에 남
아 있는 주련은 21개
로 전면과 배면, 서
측면의 기둥에 걸려
있고 21번째 주련에
는 대련(對聯)이 없
다.[300] 주련 역시 옹
방강을 비롯한 중국
대가들의 글씨로 되

〈그림 108〉 낙선재 내벽 주련 (출처:국가기록원)

어 있어[301] 편액과 함께 이곳이 서화 애호가인 헌종의 공간임을 잘 말해주고
있다.

곳곳에 장수와 수복의 길상 문양을 새기고 사방에 책이 가득한 곳에서
경학을 연구하고 올바른 교양을 갖추며 책을 보고 유유자적하며 자족하는
내용이 주련에 담겨 있다.[302] 실제로 낙선재의 창호, 난간, 기와 등은 길상
문양으로 장식되어 헌종의 다복과 장수를 기원하고, 낙선재를 두르고 있는
행랑은 서화를 수장하는 곳이다. 낙선재의 후원은 선경을 즐기기에 부족함
이 없어 방에서 창밖을 내다보며 시 한 수 읊기에 적합하고, 방과 누는 단
아하고 고요하여 한가로이 책을 읽기에 더 없이 좋은 곳이다.

낙선재 방 내부 두꺼비집에 붙어 있던 주련들은 모두 19점으로 두보 등

---

300) 이정섭, 「창덕궁내 亭·榭·堂·齋의 주련조사현황」, 『문화재』제17호, 문화재관리국, 1984,
p.157.
301) 유홍준, 『완당평전2』, p.433.
302) 주련의 해석은 이정섭의 「창덕궁내 정·사·당·재의 주련조사현황」(pp.167~168)과 이광호의
『궁궐의 현판과 주련 2』(pp.113~121)에 자세히 실려 있다.

의 시구를 쓴 것인데 1910~20년대의 종이[303]라 하니 아마도 낙선재를 순종의 침전으로 보수하면서 새롭게 제작한 주련인 듯하다. 복원공사 때 떼어낸 주련들은, 낙선재 일곽 맹장지문에 사용되었던 한시가 적힌 종이 40점과 함께 창덕궁 유물창고(연와창고)에 영구 보존하기로 결정되었고[304] 창고가 헐려 현재는 국립고궁박물관에 소장 중이다.[305]

303) 문화재관리국 유형문화재과, '창덕궁 낙선재 보수공사 중 발견된 장지두꺼비집 한시 및 내벽주련 조사보고'; '창덕궁 낙선재 장지두꺼비집 한시 및 내벽주련 보존건', 「낙선재 장지 두꺼비문 한시 보존」.
304) 문화재관리국 유형문화재과, '창덕궁 낙선재 장지두꺼비집 한시 및 내벽주련 보존건'.
305) 국립고궁박물관 서준 연구원과의 대담.

V
결론

V
결 론

1. 창덕궁 동궁과의 관계

낙선재 일곽이 조영된 곳은 중희당 동쪽의 터이다. 중희당을 포함한 이 일대는 성종 18년(1487) 창건된 창덕궁 동궁이었다. 영조 · 정조연간 동궁의 주요 전각들이 소실되자 정조 6년(1782) 중희당을 중심으로 새 동궁이 조영되었는데 낙선재와 석복헌이 영건될 터는 동궁의 전각들이 소실된 후 재건되지 않아 공지인 상태였다. 이 공지 동쪽에는 정조 9년 수강궁의 옛 터에 영건된 동궁의 수강재가 있었다.

창덕궁 동궁은 양위한 상왕과 대비의 소어처였던 덕수궁과 수강궁 터에 조영되었기 때문에 왕세자의 처소 외에도 동조(대왕대비, 대비)의 처소라는 특수한 기능을 지니고 있었다. 또한 동궁 내에 임금의 총애를 받는 빈의 처소가 영건되기도 하였다.

낙선재 일곽은 창덕궁 동궁지에 왕세자의 생활공간이 아닌 임금의 거처인 연침, 동조와 빈의 처소로서 조영되었다. 동조와 빈의 처소라는 점은 창덕궁 동궁의 쓰임과 상응하지만 임금의 연침이 함께 조영되어 임금의 공간으로 사용된 것은 이례적이다. 낙선재 일곽이 조영될 당시 창덕궁 동궁은 그곳의 주인인 왕세자의 부재로 제 기능을 하지 못하고 있었는데 헌종의 중희당 일곽 사용과 낙선재 일곽 조영으로 이 일대는 결국 새로운 연조공간으로 바뀌게 되었다.

2. 조영시기와 목적

낙선재 일곽은 주인이 다른 세 영역으로 구성된다. 낙선재를 중심으로 하는 영역과 석복헌을 중심으로 하는 영역, 그리고 수강재를 중심으로 하는 영역이 그것이다. 이 세 영역은 함께 계획이 되었으나 주건물들의 영건 연도와 목적은 다르다. 낙선재는 1847년에 헌종의 연침으로서 영건되었다. 석복헌은 후손 생산을 위하여 간택된 후궁 경빈김씨의 처소로서 1848년에 영건되었다. 수강재는 양위한 임금의 처소인 수강궁 터에 동궁의 전각으로 1785년 영건된 후, 육순을 맞은 대왕대비 순원왕후의 처소로서 1848년에 중수되었다. 낙선재 일곽을 조영하게 된 계기는 세자의 탄생이라는 왕실에서 가장 바라던 일을 성취시켜 줄 수 있는 헌종의 새 부인을 맞아들인 일이다. 그러므로 후궁의 처소와 헌종의 연침을 나란히 영건하고 당시 수렴청정을 마친 대왕대비의 육순과 회갑을 기념하여 수강재도 중수하기에 이른 것이다.

3. 건축특성

왕과 빈, 대왕대비의 거처로 조영된 낙선재 일곽은 입지부터 수장에 이르기까지 많은 특성을 지니고 있다. 이들을 정리하면 다음과 같다.

첫째, 낙선재 일곽은 궁궐 안의 주거지인 연조공간으로서 조용하고 한적한 곳에 터를 잡아 조영되었다. 동산과 언덕으로 둘러싸인 곳, 즉 터가 지니는 자연조건만으로도 하나의 영역을 이루는 곳에 위치하여 주변과 자연스럽게 구분될 뿐 아니라 아늑하다. 현존하는 다른 연조공간 중에도 동산 아래에 조영된 것이 있으나 낙선재 일곽과 같이 주변과의 구분이 확연하지는 않다. 지형이 갖는 장점을 잘 이용하여 자리 잡은 낙선재 일곽은 입지에서부터 연조공간에 부합하는 건축이다.

둘째, 낙선재 일곽은 연조공간으로 조영되어 비교적 자유로운 배치를 보인다. 주건물과 행랑, 담장 등 개별 건축물은 정연하게 배치되었지만 이들은 자유롭게 만나고 이어져 다양한 공간을 만들고 있다. 후원의 화계 또한 같은 규칙으로 조영되었다. 낙선재 일곽의 이러한 배치법은 복잡하지 않으면서 변화가 풍부한 공간을 만든다. 거기에 각기 다른 거주자의 특성과 생활양식이 잘 반영되어 공간에 생명력을 더해준다. 낙선재 일곽이 지닌 배치와 공간의 특성은 많은 행랑들이 없어진 지금까지 남아 있다. 다른 연조공간은 주건물을 감싸고 이어주는 부속건물이나 담장 없이 단독으로 있는 것들이 대부분이기 때문에 낙선재 일곽과 같은 다양한 공간을 구성하는 배치는 볼 수 없다. 낙선재 일곽은 격자틀 속의 자유로운 배치를 볼 수 있는 현존하는 연조공간이다.

셋째, 낙선재 일곽의 주건물들은 건물의 위상과 생활의 편리에 맞게 배치되었다. 북쪽과 서쪽이 높은 터에서 주건물들을 모두 북쪽에 배치하여 위계가 있게 하였다. 그중에서도 왕의 거처인 낙선재를 높은 서쪽에 배치하여 우위를 차지하게 하면서 인접한 편전 이용에도 편리하게 하였다. 수강재는 양위한 상왕과 왕비의 궁이 있었던 자리에 같은 이름으로 지어졌던 건물이다. 이로써 왕실 최고 어른의 전각이 되기에 알맞은 위상을 지니고 있었는데 그에 합당하게 대왕대비의 거처로 중수되었다. 더욱이 가장 동쪽에 위치하여 왕후들을 위한 궁궐인 창경궁으로의 왕래가 편리하다. 낙선재 일곽의 가운데에는 석복헌을 배치하고 그 둘레를 행랑과 담장으로 보호하듯 에워싸서 왕세자를 출산할 빈의 처소라는 중요성을 잘 반영하였다. 또한 낙선재와 수강재 사이에 배치하여 빈이 왕을 받들고 대왕대비를 모시는데 편리하게 하였다. 낙선재 일곽의 배치는 주건물들에 함축된 의미와 그들이 지녀야 할 기능적인 면이 모두 충족된 것이다.

넷째, 낙선재 일곽은 궁궐건축으로서 조영 당시의 전체 규모는 컸지만 주거건축으로 조영되었기 때문에 상류주택과 닮은 모습을 하고 있다. 수강재, 평원루, 취운정을 제외한 건물들은 모두 백골집이며 낙선재, 평원루만 공포를 가졌고 나머지는 소로수장집이나 민도리집이다. 주건물인 낙선재·석복헌·수강재의 구조체는 일반 백성도 지을 수 있는 규모로서 가구법이 당시 서울을 중심으로 중부지방에 지어진 상류주택에서 널리 사용된 1고주 5량식이다. 2백 칸이 넘는 규모였지만 주택과도 같은 구조체로 지어진 낙선재 일곽은 연조공간 중 소규모 전각들로 구성된 건축의 대표적인 예이다.

다섯째, 낙선재 일곽은 연조공간으로 조영되었기 때문에 수장 역시 외조나 치조와는 달리 섬세하고 아름답다. 다른 연조공간의 건물들에서도 이런 건축특성을 발견할 수 있으나 수장에 사용된 문양들이 낙선재 일곽만큼 다양하지 않다. 특히 낙선재 창호의 창살 무늬는 현존하는 연조공간의 건물들 중에서 그 종류가 가장 많다. 창살 사이에 길상 문양을 끼워 넣어 의미를 지니게 하고, 직선으로만 구성된 창살에 곡선을 가미하여 장식한 것은 낙선재의 창살이 유일하다. 조각한 문양 등으로 장식하는 수법 외에도 색을 이용하여 수장하였는데 조영 당시에는 평원루·취운정과 주건물들 중 수강재가 단청을 한 건물이었다. 낙선재 일곽은 백골집과 단청집이 함께 일곽을 이루는 연조공간의 또 다른 예를 보여준다.

여섯째, 낙선재 일곽에는 뒷동산 위까지 확장된 아름다운 후원이 조성되어 있다. 다른 연조공간 역시 뒷동산의 경사지가 후원의 화계로 꾸며졌지만 동산 위까지 인공의 후원으로 이용되지는 않았다. 또한 낙선재 일곽의 동산 아래 후원은 주건물과 화계와의 거리가 좁을 뿐 아니라 꽃담이나 굴뚝, 석물 등 아름다운 시각물이 배치되어 아기자기하면서도 아늑한 공간으로 연출되었다. 후원을 구성한 요소들이 누와 정자, 화계, 꽃담, 합문, 굴뚝, 석물 등으로 현존하는 연조공간 중에서 가장 다양하고 그들의 구성미가 뛰어나다. 동산 위 탁 트인 후원과 그 아래의 아늑한 후원이 조화롭게 계획된 연조공간이다.

이상 고찰한 낙선재 일곽은 궁궐건축 중 연조공간으로서 현존하는 다른 건물들에 비해 개별 건물의 규모는 작지만 주건물과 주건물을 둘러싸는 행랑, 그 외의 누·정, 담장, 합문, 석물 등의 보존 상태가 우수하며 현존하는 다른 연조공간에서는 볼 수 없는 건축특성을 지녔다. 그러므로 왕과 왕비의 정당 외에도 수많은 소규모 왕실 가족들의 처소가 있었던 연조공간의 중요한 예가 된다.

낙선재 일곽은 다른 관점에서도 주목할 연구대상이다.

동궁지에 계획된 낙선재 일곽의 조영은 창덕궁 동궁이 사라지게 되는 물리적 계기 중 하나로서 창덕궁 동궁 연구의 대상이 된다.

낙선재 일곽은 근래까지 왕족의 집으로 사용되었기 때문에 주거건축 공간과 그것의 실사용이라는 측면에서도 고찰이 필요하다.

'미완의 문화군주'[306]이자 '정조 계승을 통한 왕권강화를 시도했던 임금',[307] '정조처럼 척신정치(戚臣政治)를 척결하고자 했던 임금'[308]인 헌종을 연구하는 데 있어서도 낙선재 일곽의 고찰은 간과할 수 없을 것이다.

이상 '낙선재 일곽의 조영배경과 건축특성'이라는 제목으로 고찰을 하였다. 하지만 제일 하고 싶은 말은 한마디, '그곳이 좋다'이다. 좋은 이유를 알고 싶어 시작한 연구였다. 여러 부분을 살펴보고 정리하였지만 이 책은 출발일 뿐이다. 이것을 토대로 많은 사람들이 관심을 갖고 다양한 방면의 연구가 이루어지길 바란다. 그래서 낙선재 일곽의 건축적 가치가 널리 알려지고 공유되길 바란다.

---

306) 유홍준, 「헌종의 문예 취미와 서화 컬렉션」, p.219.
307) 이민아, 「효명세자 · 헌종대 궁궐 영건의 정치사적 의의」, p.231.
308) 박시백, 『조선왕조실록18권: 헌종 · 철종실록』, 휴머니스트, 2011, p.54.

참고문헌

■ 영인본
· 「동궐도」.
· 「동궐도형」.
· 「인평대군방전도」, 규장각장본.
· 『궁궐지』, 서울사료총서 제3권, 영인발행: 서울특별시사편찬위원회, 1957.
· 『궁궐지』, 장서각장본, 고종연간 편찬.
· 『열성어제』제100권.
· 『한중록』樂(제2권), 장서각장본.

■ 번역서
· '낙선재 상량문', 국역: 안정(민족문화추진회 전문위원), 『원헌고』제1권.
· '석복헌 상량문', 국역: 안정, 석복헌에서 발견된 상량문.
· '수강재 중수 상량문', 국역: 안정, 『원헌고』제1권.
· '수강재 중수 상량문', 국역: 안정, 수강재에서 발견된 상량문.
· 계성, 『원야』, 역자: 김성우 · 안대회, 도서출판 예경, 1993.
· 곤도 시로스케, 『대한제국 황실비사: 창덕궁에서 15년간 순종황제의 측근으로 일한 어느 일본 관리의 회고록』, 역자: 이언숙, 감수 · 해설: 신명호, 이마고, 2007.
· 세키노 타다시, 『한국의 건축과 예술−한국건축조사보고』, 역자: 강봉진, 산업도서출판공사, 1990.
· 노자키 세이킨, 『중국길상도안−상서로운 도안과 문양의 상징적 의미』, 역자: 변영섭 · 안영길, 도서출판 예경, 1992.
· 서유구, 〈임원경제지〉, 역자: 김성우 · 안대회, 『건축과 환경』, 월간 건축과 환경사, 1987.8; 1987.10; 1987.12; 1988.4; 『꾸밈』, 토탈디자인, 1988.12; 1989.4; 1989.8; 1990.8.
· 칸차이런, 『황금 로드맵』, 역자: 심정수, 반디, 2006.
· 허유, 『소치실록』, 편역: 김영호, 서문당, 1976.

■ 단행본

· 고정일, 『세계대백과사전』제5권, 동서문화, 1992.
· 국립고궁박물관 편저, 『조선왕실의 인장: 국립고궁박물관 개관1주년 기념특별전』, 그라픽네트, 2006.
· 김동현, 『한국고건축단장』下-기법과 법식, 통문관, 1977.
· 김명길, 『낙선재주변』, 중앙일보 · 동양방송, 1977.
· 김왕직, 『알기쉬운 한국건축 용어사전』, 동녘, 2007.
· 김용숙, 『조선조 궁중풍속 연구』, 일지사, 1987.
· 김원룡 · 안휘준, 『한국미술사』, 서울대학교출판부, 1993.
· 김평정 편저, 『건축용어대사전』, 기문당, 1982.
· 리화선, 『조선건축사』Ⅱ권, 발언, 1993.
· 문영빈, 『창경궁』, 대원사, 1990.
· 문화부 문화재관리국, 『동궐도』, 1991.
· 문화공보부 문화재연구소, 『문화유적총람』上권, 문화재관리국, 1977.
· 문화공보부 문화재관리국, 『한국의 고궁』, 문화재관리국, 1980.
· 민경현, 『한국정원문화-시원과 변천론』, 예경산업사, 1991.
· 박시백, 『조선왕조실록18권: 헌종 · 철종실록』, 휴머니스트, 2011.
· 서울특별시사편찬위원회, 『서울육백년사-문화사적편』, 1987.
· 서울특별시사편찬위원회, 『서울특별시사-고적편』, 동아출판사공무부, 1963.
· 신영훈 · 장경호(건축부분), 『한국의 고궁건축』, 열화당, 1988.
· 신영훈 · 조정현, 『한옥의 건축도예와 무늬』, 기문당, 1990.
· 신영훈, 『국보』제11권-궁실건축, 예경산업사, 1985.
· 신영훈, 『한국건축과 실내』, 대한건축사협회, 1986.
· 신영훈, 『한실과 그 역사-한국건축사개설』, 에밀레미술관, 1975.
· 신응수, 『천년 궁궐을 짓는다: 궁궐 도편수 신응수의 삶과 고건축 이야기』, 김영사, 2008.
· 유홍준, 『완당평전1: 일세를 풍미하는 완당바람』; 『완당평전2: 산은 높고 바다는 깊네』; 『완당평전3: 자료 · 해제편』, 학고재, 2002.
· 윤국병, 『조경사』, 일조각, 1978.
· 윤장섭, 『한국건축사』, 동명사, 1992.
· 이광호, 『궁궐의 현판과 주련 2』, 수류산방, 2007.
· 이상해, 『궁궐 · 유교건축』, 솔출판사, 2004.
· 이이화, 『한국사 이야기16: 문벌정치가 나라를 흔들다』, 한길사, 2003.
· 임영주, 『전통문양자료집』, 미진사, 1986.
· 임형택, 『우리 고전을 찾아서: 한국의 사상과 문화의 뿌리』, 한길사, 2007.
· 장경호, 『한국의 전통건축』, 문예출판사, 1992.
· 장기인, 『목조』, 한국건축대계Ⅴ권, 보성문화사, 1991.
· 장기인, 『한국건축사전』, 한국건축대계Ⅳ권, 보성각, 1993.
· 장순용, 『창덕궁』, 대원사, 1990.

· 정동오, 『한국의 정원』, 민음사, 1986.
· 조선총독부, 『조선고적도보』제10권, 1930.
· 조용진, 『동양화 읽는 법』, 집문당, 1989.
· 주남철, 『한국건축미』, 일지사, 1983.
· 주남철, 『한국건축의장』, 일지사, 1985.
· 주남철, 『한국주택건축』, 일지사, 1980.
· 한국정신문화연구원, 『한국민족문화대백과사전』제21권; 제23권, 웅진출판주식회사, 1991.
· 한영우, 『동궐도』, 효형출판, 2007.
· 한욱·한주성 편집, 『북궐도형』, 국립문화재연구소, 2006.
· 허균, 『전통 문양』, 대원사, 1995.
· 황문환·김주필·박부자·안승준·이욱·황선엽 주해, 『정미가례시일기 주해』, 한국학중
  앙연구원, 2010.
· 황의수, 『조선기와』, 대원사, 1989.
· 황호근, 『고려도경을 통해 본 한국문양사』, 열화당, 1978.

■ 논문
· 김정희, 「조선시대 궁궐건축의 공간이용에 관한 연구: 17, 18, 19세기를 중심으로」, 고려대
  학교대학원 건축공학과 석사학위논문, 1983.
· 김혜정, 「조선시대 궁궐건축에 나타난 무늬양식에 관한 연구」, 이화여자대학교대학원 응용
  미술학과 석사학위논문, 1979.
· 안계복, 「루각 및 정자양식을 통한 한국 전통정원의 특성에 관한 연구」, 서울대학교대학원
  원예학과 박사학위논문, 1989.
· 조규희, 「조선시대 별서도 연구」, 서울대학교대학원 고고미술사학과 박사학위논문, 2006.
· 주남철, 「조선시대 주택건축의 공간구성에 관한 연구」, 서울대학교대학원 건축학과 박사학
  위논문, 1976.
· 유병림·황기원·박종화, 「조선조 정원의 원형에 관한 연구」, 서울대학교환경대학원 부설
  환경계획연구소, 1989.
· 김동욱, 「고종 2년의 연경당 수리에 대해서」, 『건축역사연구』제13권, 한국건축역사학회,
  2004.3.
· 김홍식, 「조선후기 서울·경기지방 상류주택의 평면구성에 관한 연구」, 『건축사』, 대한건축
  사협회, 1978.11.
· 박본수, 「조선후기 십장생도 연구: 궁중 '십장생병풍'을 중심으로」, 『병풍에 그린 송학이 날
  아 나올 때까지: 십장생』, 궁중유물전시관, 2004.
· 안휘준, 「규장각소장 회화의 내용과 성격」, 『한국문화』제10호, 서울대학교 한국문화연구
  소, 1989.12.
· 유홍준, 「헌종의 문예 취미와 서화 컬렉션」, 『조선왕실의 인장: 국립고궁박물관 개관1주년
  기념특별전』, 그라픽네트, 2006.
· 윤장섭, 「한국의 영조척도」, 『건축사』, 대한건축사협회, 1975.11.

· 이민아, 「효명세자 · 헌종대 궁궐 영건의 정치사적 의의」, 『한국사론』제54권, 서울대학교, 2008.
· 이순자, 「조선왕실 궁터의 입지분석」, 『주택도시연구』제92호, 한국토지주택공사, 2007.3.
· 이정섭, 「창덕궁내 정 · 사 · 당 · 재의 주련조사현황」, 『문화재』제17호, 문화재관리국, 1984.
· 정재훈, 「창덕궁 후원에 대하여」, 『고고미술』제136 · 137호, 한국미술사학회, 1978.3.
· 주남철 · 신정진, 「조선시대 궁궐건축의 난간양식에 관한 연구」, 『건축』, 대한건축학회, 1987.7-8.
· 주남철, 「전통고정원의 복원에 관한 조사연구」, 『건축』, 대한건축학회, 1982.7-8.

■ 기사
· 〈樂善齋改築〉, 『동아일보』, 동아일보사, 1929.3.1.
· 〈樂善齋修繕〉, 『동아일보』, 동아일보사, 1928.11.4.
· 김영상, 〈서울육백년: 낙선재 ①〉, 『한국일보』, 한국일보사, 1994.3.11.
· 김영상, 〈서울육백년: 낙선재 ②〉, 『한국일보』, 한국일보사, 1994.3.14.
· 김이택, 〈삼청장 친일파〉, 『한겨레』, 한겨레신문사, 2012.5.15.
· 전봉관, 〈미두왕(米豆王) 반복창의 인생유전〉, 『신동아』, 동아일보사, 2007.1.
· 신영훈 · 김동현, 〈한국고건축단장(21)-그 양식과 기법-문〉, 『공간』, 공간사, 1971.7.
· 신영훈 · 김동현, 〈한국고건축단장(22)-그 양식과 기법-난간〉, 『공간』, 공간사, 1971.8.
· 임응식, 〈낙선재〉, 『공간』, 공간사, 1966.12.
· 김두헌, 〈창덕궁의 건물들〉, 『건축문화』, 월간 건축문화사, 1985.1.
· 이강근, 〈가장 한국적인 궁, 창덕궁〉, 『건축과 환경』, 월간 건축과 환경사, 1994.9.
· 장순용, 〈세월의 뒤안길에 선 낙선재〉, 『건축과 환경』, 월간 건축과 환경사, 1994.5.

■ 보고서 · 문서 · 사진 · 도면
· 문화재청, 『창덕궁 정자: 실측 · 수리보고서』, 문화재청, 2003.
· 문화재청 창덕궁관리소, 『창덕궁 승화루 및 일곽 실측 · 수리 보고서』, 문화재청, 2005.
· 문화재관리국 유형문화재과, '창덕궁 낙선재 보수공사 중 발견된 장지두꺼비집 한시 및 내벽주련 조사보고'; '창덕궁 낙선재 장지두꺼비집 한시 및 내벽주련 보존건', 『낙선재 장지 두꺼비문 한시 보존』, 국가기록원 대전 본원 소장 문서자료(BA0811729), 1992.
· 문화재청, 「낙선재 일곽」, 국가기록원 성남 나라기록관 소장 사진자료(CEV0000995, CEU0000297), 1992.
· 낙선재 일곽 도면, 삼풍종합건축(현 (주)삼풍엔지니어링 건축사사무소), 1992~1993.

■ 웹사이트
· 국립고궁박물관 http://www.gogung.go.kr/
· 국사편찬위원회 http://www.history.go.kr/ /조선왕조실록
· 새전북신문 http://www.sjbnews.com/

- 서울대학교 규장각 한국학연구원 http://e-kyujanggak.snu.ac.kr/ /원문검색/일성록
- 서울육백년사-서울특별시 http://seoul600.seoul.go.kr/
- 한국고전번역원 http://www.itkc.or.kr/
- KTV 국가기록영상관 http://film.ktv.go.kr/

■ 대담
- 문화재관리국 궁원관리과 이만희 기사(현 문화재청 수리기술과 사무관), 1994.9.2, 9.7.
- 삼풍종합건축 박창열 차장(현 현창종합건축 소장), 1994.9.24, 2012.7.13.
- 국립고궁박물관 서준 연구원, 2012.8.9.

『낙선재 일곽의 조영배경과 건축특성』
발간의 의의

이상해, 성균관대학교 명예교수

궁궐 공간 중에서 연조는 왕의 침전이 있는 곳을 일컫는다. 조선 시대 왕의 침전은 왕의 어머니인 대비가 거처하는 곳과 떨어져 있는 것이 상례이지만, 헌종(1827~1849)이 조영한 낙선재 일곽은 그러한 틀에서 벗어나 있다. 낙선재 일곽이란 낙선재를 포함해서 석복헌, 수강재와 부속건물 및 이들 건물에 딸린 후원으로 구성된 곳을 말한다. 낙선재는 헌종이 기거하기 위해, 그 동쪽의 석복헌은 헌종의 후궁인 경빈김씨, 석복헌 동쪽의 수강재는 헌종의 할머니인 순원왕후가 기거하기 위해 조영되었다. 왕과 왕비, 그리고 대왕대비가 같은 영역에 기거하도록 조성된 것이 낙선재 일곽이다.

이러한 사실은 낙선재 일곽의 조성 배경과 목적에 대한 궁금증을 불러일으키게 한다. 『낙선재 일곽의 조영배경과 건축특성』은 이러한 궁금증을 학술 차원에서 조명하며 규명한 저술이다. 저자의 서문에서도 밝혀져 있듯이, 이 책은 저자의 석사 학위 논문을 바탕으로 학위 취득 후 저자가 새로 발굴한 자료들을 더 보태어 정리해서 발간한 것이다. 석사 학위 논문에서 미처 규명하지 못한 새로운 사실들에는 낙선재 일곽 조영과 헌종과의 연관성, 조영 당시와 그 후의 변화를 비교 고찰한 내용 등이 포함된다.

저자는 무엇보다도, 학계에서 지금까지 낙선재 일곽을 구성하는 각 건물별 조영 시기가 일치하지 않던 것을 문헌과 상량문 등 관련 자료들을 바탕으로 낙선재는 헌종 13년(1847)에, 석복헌은 헌종 14년(1848)에 창건되었고, 수강재는 정조 9년(1785) 창건되었으나 헌종 14년에 이전 모습과 전혀 다르게 중건되었음을 분명히 밝히고 있다. 이 연구 성과만으로도 저자의 낙선재 일곽에 관한 연구는 높게 평가받을 가치가 있다.

헌종은 왕세자였던 아버지 익종(효명세자)이 그가 4세이던 1830년 22세의 나이로 요절하고, 할아버지인 순조마저 1834년 승하하자 같은 해에 8세의 어린 나이로 즉위한다. 헌종은 즉위 후 순원왕후의 섭정을 받으며 통치를 하다가 1841년부터 친정을 하기 시작한다. 헌종이 1847년 경빈김씨를 후궁으로 맞이하고, 비슷한 시기에 낙선재, 석복헌, 수강재를 조영한 것은 친정 체제를 굳혀 왕으로서 국가 통치의 웅지를 펼치기 위한 기반을 하나씩 만들어간 과정에 포함되는 행위로 해석될 수 있다. 이러한 사실은 헌종이 1847년 『국조보감』을 증보하여 선왕들의 선정을 편찬하여 왕권의 강화를 시도하고, 군사력을 강화한 점 등에서도 확인될 수 있다.

헌종의 문집인 『원헌고』에는, 헌종은 중국 고대의 명군으로 알려진 순 임금이 "곱고 붉은 흙을 바르지 않음은 규모가 과다하지 않게 하기 위함이고, 화려한 서까래를 놓지 않음은 질박함을 앞세우는 뜻을 보인 것"을 본으로 삼아 낙선재에 단청을 하지 않았다고 기술되어 있다. 왕이 궁실에 화려함을 베풀지 않음은 선정을 하려는 의지를 읽게 한다. 이러한 의지는 정조가 주합루를 세워 서책을 수집하여 젊은 학자들에게 개방하였듯이, 헌종은 낙선재 서쪽에 연이어 있는 중희당에 많은 서책을 보관한 것에서도 알게 한다. 이와 같은 마음과 의지로 헌종은 낙선재 일곽을 조영했을 것이다. 하지만, 헌종은 1849년 23세로 갑자기 승하한다. 그의 죽음은 그 후 왕실 외척의 세도정치가 절정으로 이르게 한다.

헌종에 의해 조영된 낙선재 일곽의 건물들에는 한국건축의 정수가 모두 모여 있다. 건물이 들어설 터를 이용하는 방법, 건물을 배설하는 방법, 마당과 건물과의 관계, 담과 건물로 공간을 구획하면서 한정하는 방법, 건물 외부공간과 내부공간을 소통케 하는 방법, 멀리 보이는 경치를 건물 안으로 끌어들여 흠상케 하는 방법, 여성을 위한 후원을 건물 뒤에 화계로 조성하고 화목을 심는 방법 등이 낙선재 일곽에 집합되어 있을 뿐 아니라 하나같이 모두 탁월하게 해결되어 있다.

하지만, 낙선재 일곽은 헌종의 사후 '개조'가 몇 차례에 걸쳐 일어난다. 사용자와 생활의 변화에 적응토록 변화가 일어나게 된다. 일제강점기에 순종이 기거하던 대조전을 비롯한 창덕궁 내전이 1917년 소실되자 순종과 순정효황후가 낙선재에 기거하게 되고, 그 후 영친왕 이은, 이방자 여사, 고종 황제의 외동딸 덕혜옹주 등이 살게 되면서 낙선재 일곽은 크게 변하게 된다. 그때마다 필요에 의해 개수, 증축, 신축이 행해지게 된 것이다. 1989년 덕혜옹주와 이방자 여사가 타계한 후 이곳에 기거하는 사람이 더 없게 되자 정부의 담당 부서에 의해 '보수', '복원'되어 현존하는 것이 낙선재 일곽이다.

저자는 낙선재 일곽 건축의 이러한 변화 과정과 내용을 규명하였을 뿐 아니라, 조영 당시의 사실들을 규명하여 조영 배경과 목적을 밝혔다. 누가, 언제, 무슨 이유로 낙선재 일곽을 조영하였는지를 밝힌 것이다. 이를 바탕으로 저자는 낙선재 일곽의 건축 내용과 건축 특성, 건축적 가치를 정리하였다.

건축 특성은 6가지 구성요소별로 나뉘어 궁궐지, 동궐도형 등 관련 자료들을 바탕으로 낙선재를 이해할 수 있는 사진과 도면들과 함께 분석, 정리되었다. 6가지 구성요소는 입지(터잡기), 배치와 평면, 구조체, 수장, 옥외 공간, 편액과 주련이다. 저자는 각 요소에 해당하는 내용을 아주 구체적이면서 실증적으로 관련 사실을 규명하고, 이에 더하여 낙선재 일곽의 건축 특성과 가치를 함께 보여주고 있다. 특히, 건물 규모와 배치, 공간 분석, 구조, 창호, 창살 무늬, 석물 등을 도판으로 정리한 것이 크게 돋보인다.

무엇보다도 이 책은 이제까지 제대로 규명되지 않은 낙선재 일곽의 조영 배경을 관련 문헌 자료와 실제 현장을 모두 연구의 대상으로 삼아 정리한 점에서 높게 평가를 받아야 할 것이다. 이러한 연구 방법은 특히 건축사를 전공하기 위해 학문에 입문하는 대학원생들에게 연구 방법론적인 차원에서 길라잡이가 될 수 있기 때문이다. 건축이 있게 된 배경을 사료와 함께 상세하게 이야기하고 있고, 건축의 모든 부문까지 자료와 현장을 꼼꼼히 살펴 비교, 확인하여 정리하였으며, 낙선재, 석복헌, 수강재의 창호, 난간, 천정, 담장, 기와, 합각, 석물 등에 있는 수많은 문양을 실측한 것을 직접 그려 이들 건축의 이해도를 높이고 있다.

조선 후기가 되면 사대부 계층은 소중화 사상에서 벗어나 청나라의 문물에 관심을 갖게 된다. 헌종은 서화 감상, 인장, 전각(篆刻)에 조예가 깊은 군주였다. 그는 당시 청나라의 서화, 인장, 전각 등을 많이 수집하여 낙선재에 소장하였다. 헌종이 청나라에 문호를 개방했음을 알려준다. 시서화 뿐만 아니라, 청나라와의 교류는 이 시기에 조영된 건축에서도 확인된다. 조선 후기에 조영된 낙선재와 연경당, 그리고 경복궁의 집옥재, 건청궁 등 건축에서 이러한 사실을 읽을 수 있다. 낙선재를 비롯한 이들 건축은 '청나라식' 건축을 받아들여 조선의 건축에 접목시킨 점에서도 재조명 받을 부분이 많다. 이러한 부문은 후학들의 연구 과제가 된다.

이 책은 조선시대 궁궐 연조공간의 백미에 속하는 낙선재 일곽의 건축특성과 가치를 분석, 해석한 학술 저서란 점에서 학계에 공헌을 하였고, 나아가 일반인들이 낙선재 일곽을 올바르게 이해하는 데에도 크게 기여를 하였다. 이런 점에서 이 책은 낙선재 일곽에 대한 '한국건축 조영의 미' 특강과 같은 역할을 한다.

찾아보기

가

1고주 4량 109
1고주 5량 109, 215
2고주 5량 109
가구법 101, 109, 118, 215
가구재 101
가례(嘉禮) 30, 46
가로재 170, 172, 178
가옥 101, 117, 208
가장지[假粧子] 123
각재 119
강녕전(康寧殿) 115
거미 163, 164
거북 151, 180
건양문(建陽門) 36, 38, 39, 69, 70
겉창 122
게눈각 113
격자살 123, 146
겹창 121
겹처마 119
경복궁(景福宮) 21, 37, 89, 92, 96, 109, 115, 166, 189
경빈(慶嬪) 44~46, 51, 58~60, 65, 88, 93, 96, 97, 157, 208, 213

경사전(景思殿) 42
경운궁(慶運宮) 43
경종대왕(景宗大王) 44
경춘전(景春殿) 21, 32, 44, 96, 115
경희궁(慶熙宮) 47
계경헌(啓慶軒) 30
계단 107, 120, 178, 185~187, 199, 200
계성(計成) 102
계자각(鷄子脚) 154, 158
계자난간(鷄子欄干) 154, 158
고래 117
고막이 108
고막이머름 108
고조당(古藻堂) 100, 203, 205, 208
고종(高宗) 32, 33, 43, 47, 71, 73, 90
고창 125, 128, 132, 136, 138, 148
골판문(骨板門) 98~100, 129, 172, 174, 178
공안(工眼) 113
공작 164, 165
공포 111~114, 142, 215
관람정(觀纜亭) 155, 156
광례문(光禮門) 69, 70
광무(光武) 47, 110
광연정(廣延亭) 43
괴석 92, 186, 187, 192, 196, 197
괴자룡(拐子龍) 138, 139, 141~148, 182, 184
교란(交欄) 154, 157
교룡(蛟龍) 151
교살 129, 146
교창 128, 138, 148
교태전(交泰殿) 21, 92, 115, 190
구들 93, 117
구름 151, 153~155, 157~159, 193, 195, 196, 197, 206
구조체 52, 68, 76, 89, 101, 109, 120, 123, 174, 179, 215
국화 193, 197

국화판(菊花瓣) 195, 197
굴도리 81, 110~113
굴뚝 92, 142, 164, 168, 185~187, 189~191,
　　216
궁궐건축 21, 28, 38, 76, 88, 90, 115, 119,
　　123, 138, 154, 155, 165, 167, 215, 216
궁궐도 30
궁궐지(宮闕志) 22, 32, 37, 38~41, 43, 44,
　　47, 56, 66, 71, 73, 74, 76~78, 80, 83, 88,
　　110, 172, 201, 205
궁중발기[宮中件記] 46
궁창널 146, 147
궁창부 154~158, 160
귀갑문, 귀갑 무늬 180~182, 184
귀면 164, 165
규룡(虬龍) 151, 153, 193
규장각장본 32, 41, 71
근정전(勤政殿) 115, 165
금마문(金馬門) 40, 41
금문(金門) 40
금사연지(琴史硯池) 198
금석학(金石學) 201, 205
기단 52, 81~83, 98, 101, 106~109, 161,
　　178, 187, 197
기둥 59, 97, 101, 108, 110, 121, 154, 168,
　　172, 177~179, 208, 209
기둥높이[柱長] 73~76, 110
기린 151
기와 24, 120, 164, 165, 172, 178, 190, 209
길금정석재(吉金貞石齋) 203, 204
길상 120, 139, 141~143, 148, 153, 155,
　　166, 180, 193, 196, 209, 216
김명길(金命吉) 46, 66, 71, 72, 117, 120,
　　191, 192
김재경(金在敬) 46
김재청(金在淸) 45, 46
김정희(金正喜) 48, 201, 203, 205, 206
꽃담 29, 92, 139, 177, 178, 180, 182~185,
　　198, 216

나

나무테, 둥근 테 186, 192, 199, 200
낙선당(樂善堂) 29, 38, 39, 42
낙선재반송(樂善齋盤松) 30
난간 120, 142, 153~160, 168, 177, 209
남병길(南秉吉) 205
남행각(南行閣) 73~75, 78, 79
남행랑 76, 80, 82, 85, 90, 97, 98, 100, 108,
　　134, 138, 146, 160, 205, 208
납도리 110, 111
내목도리 113
내문 125~127, 129, 141
내전(內殿) 22, 87, 101, 109, 110, 165
내창 122, 123, 125, 126, 128
널판 114, 170
네모난도리 110
네모지붕 119
노둣돌 192, 199, 200
노토(砮土) 72
뇌문(雷紋) 166

다

다기문(多技門) 69, 70
다듬돌바른층쌓기 106
다락 83, 93, 96, 97, 109, 123, 126~129
다복(多福) 143, 209
다포 112, 113
단수자(團壽字) 164, 165
단주형 107, 108
단청 41, 56, 65, 113, 115, 117, 153, 167,
　　168, 216
담장 24, 69, 75, 82, 87, 88, 90, 91, 92, 99,
　　100, 142, 165, 168, 169, 174, 177~181,
　　184, 185, 187, 189, 191, 198, 214~216
당초문(唐草文), 당초 문양 113, 142~148,
　　158, 159, 161, 167, 181, 183, 184, 195

대공 113~115, 142
대나무 54, 64, 162
대들보 114, 115
대련(對聯) 209
대전(大殿) 37
대조전(大造殿) 21~23, 92, 96, 97, 115
대청(大廳) 93, 96, 115, 116, 121, 125, 128, 129, 133~137, 140, 141, 143, 146~148, 150, 159, 167, 168, 185, 186, 203~205
덕성합(德成閤) 38
덕수궁(德壽宮) 43, 207, 212
덕혜옹주(德惠翁主) 22
덧문 121~123, 134, 138, 140, 141
덩굴풀(蔓草, 만초) 141
도광(道光) 52, 57, 61, 207, 208
도리간[道里通, 道里間, 春樑長] 73~77, 83
돈[錢] 28, 141, 143, 144, 148
돌란대 154
돌절구 198
돌퇴 123
동궁(東宮) 21, 29, 36~48, 61, 71, 167, 212, 213, 216, 217
동궁지 39, 42, 47, 71, 213, 216
동궐도(東闕圖) 32, 37~39, 41, 65, 66, 69, 70, 72, 77, 78, 118, 189, 199, 200
동궐도형(東闕圖形) 22, 25, 32, 56, 69, 70, 73, 77, 78, 80~83, 86, 89, 93, 97, 174, 178, 187, 189, 205
동바리 108
동방삭(東方朔) 151
동온실 48, 83, 96, 97, 124, 127, 131, 133, 135, 137~139, 140~142, 144~149, 190, 201
동조(東朝) 42, 43, 47, 63, 212, 213
동평헌왕(東平憲王), 동평왕 53
동행각(東行閣) 74, 75, 77, 79
동행랑 76, 85, 91, 108, 113, 160
두겁대 받침 154~158

두꺼비집 117, 122, 123, 126, 209, 210
두벌대 106
두보(杜甫) 196, 209
둥근도리 110
뒤퇴 75, 83
들보 101
들쇠 121, 125, 127
등조양루(登朝陽樓) 30
띠살 121, 138, 140, 141, 146, 149, 150
띠장 158

마

마루 83, 93, 101, 106, 108, 109, 114, 154, 158
마룻대, 상량대 33, 111, 207
마황후(馬皇后) 64
막새기와 83, 120, 162, 164
만세수(萬歲壽) 190
만월문 183, 184
만월형(滿月型) 178
卍자 122, 123, 129, 138, 140, 141, 143, 144, 148, 149, 154, 155
萬자 190, 191
망와 162~164
맞배지붕 119, 166, 167
매우(梅雨)틀 87
매화 177, 181, 183, 184
맹장지 121~123, 125~129, 138, 210
머름 121, 126, 127
머름대 92, 170, 172, 178
명룡(鳴龍) 151
명성왕후(明聖王后) 42
명정전(明政殿) 115, 165
명종(明宗) 37, 42
모란 193, 195~197
모임지붕 162
몽연록(夢緣錄) 33

문얼굴 127, 143, 170, 178
문왕(文王) 53, 54
문정왕후(文定王后) 42
문정전(文政殿) 115
문효세자(文孝世子) 40
물고기 193
물확 192, 197, 198
미닫이 96, 121, 125~129, 140, 141,
   143~145, 149, 178
민도리집 83, 112, 215

바

박공 29, 166, 167
박쥐 141~145, 147, 148, 151, 154, 155,
   158, 164, 165
반가(半架) 123
반룡(蟠龍) 151
반자 23, 27, 114, 117, 151, 153
반장(盤長) 176, 177, 180, 182
방승(方勝) 141, 143~145, 147, 148
방울 192
방장산(方丈山) 196
방주 110
백골집 115, 167, 168, 215, 216
범물필유가관(凡物必有可觀) 203, 204
법수(法首) 154, 155, 157
별궁 30
별당 40, 43, 44
별대령소(別待令所) 100
별서도(別墅圖) 30
보간[樑通. 樑間, 過樑長] 73, 74, 75, 76,
   82, 83
보루각(報漏閣) 32
보머리 112, 113
보소당(寶蘇堂) 48, 201, 202, 205
보소당인존(寶蘇堂印存) 48, 205
보소재(寶蘇齋) 201

보아지 112~114, 178
보좌 154
보주 155, 157
보화문(普和門) 74, 75, 78
복숭아 151
복운(福雲) 155
福자 164, 165, 182, 184
복재안전(福在眼前) 143
봉래산(蓬萊山) 196
봉황(鳳凰) 111, 151, 153, 176, 177, 193
부고 119
부연 82, 119
부용정(芙蓉亭) 157, 158
북궐도형(北闕圖形) 90
북행랑 69, 80, 84, 86, 110, 186
분합문 121, 128, 129, 146, 148, 157
불로초 163~165
불발기 126, 127, 129, 130, 135, 140, 148,
   149
불수감(佛手柑) 151
붙박이 128
비운(飛雲) 159
비학문(飛鶴文) 153
빙렬문(氷裂紋), 빙렬 무늬 161, 162
빙죽문(氷竹紋) 162

사

사괴석 161, 180
사래 120, 162, 163
사령(四靈) 151, 180
사롱(斜籠) 170, 172, 178
사실(私室) 53, 56
사정전(思政殿) 115
산수복해(山壽福海) 193
산예(狻猊) 192, 193, 195
살대, 살 128, 138~141, 150, 154~158,
   170, 178

살창 128
삼문삼조(三門三朝) 21
삼분(三分) 101
삼삼와(三三窩) 69, 70
삼신산 196
삼중창 96, 121, 122, 126, 128
삼화토(三華土) 161
상량문(上樑文) 32, 33, 40, 43, 50, 52, 54, 56~62, 65, 111, 115, 167, 207, 208
상량식 47, 52, 57, 61, 65
상량정(上凉亭) 201, 205, 206
상어의궁(上於義宮) 30
상연 119
상인방 170, 172
상택지(相宅志) 69, 72, 124, 187
샛담 164, 172, 174
서고 48, 56, 87, 203
서까래 55, 101, 114, 119, 120
서온실 83, 96, 97, 131, 132, 135, 137, 143, 145~149
서왕모(西王母) 151
서유구(徐有榘) 69, 72, 101, 108, 117, 121~124, 187, 192, 197
서재(書齋) 187, 197
서청(西淸) 55, 56
서행각(西行閣) 73~75, 77~79
서행랑 23, 27, 80, 85, 98, 100, 106~108, 118, 146, 155, 160, 172, 205, 208
석거청(石渠廳) 69, 70
석대 186, 192, 199
석룡(蜥龍) 151
석분 92, 192~197
석상 186, 192, 199
석양루(夕陽樓) 30
선의왕후(宣懿王后) 42
선인태후(宣仁太后) 63
선자연 119
선정전(宣政殿) 47, 115
선학(仙鶴) 153

섬용지(贍用志) 69, 101, 108, 117, 121~123, 187
성정각(誠政閣) 39, 41, 47, 48, 56
성종(成宗) 36, 38, 76, 212
세벌대 106
세연지(洗硯池) 90~92, 184, 187, 192, 197, 198, 203
歲자 190, 191
세자궁 37
세키노 타다시(關野貞) 33, 51, 106, 120, 189
소금마문(小金馬門) 40, 41, 73, 75, 78, 86, 88
소로 112~114
소로수장집 83, 112, 113, 215
소맷돌 107
소목(小木) 120
소봉래(小蓬萊) 192
소영주(小瀛洲) 196
소요(逍遙)정원 185
소재(小齋) 43
소주방(燒廚房) 44, 97
소주합루(小宙合樓) 24, 48, 56, 69~71, 87, 203
소청(小廳) 129, 135
소치실록(小癡實錄) 32, 33, 56, 96, 100, 201, 203, 205
속연록(續緣錄) 33
솟을대문 170
송문흠(宋文欽) 27
쇠서 112, 113
쇠시리 113
수강궁(壽康宮) 43, 212, 213
수강문(壽康門) 74, 75, 77, 78, 80, 84, 86, 91, 97, 172
수구(繡毬) 192, 193, 195
수막새 164, 165
수방재(漱芳齋) 39
수빈박씨(綏嬪朴氏) 46, 89

壽자 164, 165, 190, 191
수파문(水波紋) 193, 195
숙종(肅宗) 32, 42~44, 66, 74, 101, 113, 206
순원왕후(純元王后) 44, 45, 63, 64, 96, 213
순조(純祖) 32, 40, 41, 44, 46, 48, 51, 69, 88, 89
순종(純宗) 22, 23, 180, 190, 210
순화궁(順和宮) 46, 51
숫대살 148
숭덕문(崇德門) 69, 70
승화루(承華樓) 23, 24, 48, 87, 106, 117, 203
시민당(時敏堂) 38, 39, 43
신관(新館) 23, 27~29, 80
신정왕후(神貞王后) 44, 45, 63, 64
쌍학문(雙鶴文) 153

아

아궁이 98, 99, 108, 161
아랑위(兒郎偉) 207
아미산(峨嵋山) 92, 190
亞자 140, 148, 155, 157
안마당 87~89, 91, 92, 100
안상 160, 178
암막새 163, 164
앙련(仰蓮) 154, 155, 157
앞퇴 75, 82, 83, 126, 131, 135, 137, 138, 139, 147, 148, 149
애련설(愛蓮說) 193
양성 119
양화당(養和堂) 21, 32, 88, 89, 96, 115
어의동본궁(於義洞本宮) 30
어전(御殿) 23, 56
어제(御製) 207
어칸 111
얼음 162

여닫이 121, 125~129
여모판 142, 153, 156~160
여의(如意) 164
여중요순(女中堯舜) 62, 63
연가(煙家) 190
연경당(演慶堂) 23, 32
연경루(研經樓) 203, 205
연꽃 193, 195~197
연등천장 114, 115, 117, 124, 167
연못 64, 72
연밥 193, 195, 196
연와창고(煉瓦倉庫) 207, 210
연전(連錢) 113, 182, 184, 198
연조(燕朝) 20, 21, 24, 31, 42, 47, 48, 66, 71, 72, 76, 87, 88, 90, 93, 96, 101, 109, 115, 165, 189, 213~216
연지(蓮池) 69, 70
연침(燕寢) 51, 54~56, 59, 66, 110, 148, 153, 162, 198, 205, 213
연침(聯針) 119
열성어제(列聖御製) 33
영빈이씨(暎嬪李氏) 89
영유(靈囿) 53, 54
영조(英祖), 영묘 27, 30, 38~40, 43, 88, 212
영조척 110
영주(瀛洲) 196
영창(映窓) 121~124, 126, 130, 132, 133, 136, 137, 140, 143~149
영춘헌(迎春軒) 21, 41, 88, 89, 96, 109, 115
영친왕(英親王) 22
영친왕비 22, 145
옥삼분(屋三分) 101
옹방강(翁方綱) 201, 206, 209
옹수곤(翁樹崑) 206
와수(臥水) 193
완당(阮堂) 201, 203, 205, 209
외목도리 113
외문 121, 126, 127 ,129, 138

외바퀴수레 170
외벌대 106, 187
외조(外朝) 21, 215
외창 121~123, 125, 128, 138~140, 148
외행각(外行閣) 73~75, 78, 79
외행랑 170
용 111, 139, 151, 153, 163~165, 193
용두 162, 163
용마루 101, 119, 163
用자살 138, 149, 150
용지판(龍枝板) 142, 176~178
용화괴자(龍花拐子) 141~144, 147, 148
용흥궁(龍興宮) 29~31
우물 72, 82, 87, 91
우물반자 115~117, 124, 150, 151, 167
운두(雲頭) 154, 155
운비옥립(雲飛玉立) 196
울거미 98, 128, 129, 138
원도리 110
원보(元寶) 143
원야(園冶) 162
원유(苑囿) 21
원헌고(元軒稿) 32, 33, 50, 52, 61, 207
월대(月臺) 106
유양(酉陽) 55
유재(留齋) 203, 205
유척(鍮尺) 110
유춘헌(留春軒) 30
유하(榴夏) 52, 208
유호(嚛皓) 101
육모지붕 119, 162
육우정(六隅亭) 75
육위송(六偉頌) 207
윤비[純貞孝皇后] 22, 23, 66, 117, 190
윤집궐중(允執厥中) 202, 206
융효문(隆孝門) 69, 70
응룡(應龍) 151
의두합(倚斗閣) 41
이극문(貳極門) 38, 39, 43, 69, 70, 74, 75,
    78, 86, 88, 90, 170
이룡(螭龍) 151
이방자(李方子) 22, 203
이시헌(李時憲) 205
이운지(怡雲志) 69, 192, 197
이은(李垠) 22
이중문 126~129
이중창 96, 121~123, 126, 128
이중창호 125
이하응(李昰應) 201
익공 29, 112, 113
익종(翼宗) 32, 39, 40~42, 44, 48, 71
인방 108, 113, 170, 172
인장(印章) 48, 205
인정전(仁政殿) 36, 71, 115, 165
인조(仁祖) 30, 38
인종(仁宗) 37, 42
인평대군 30
인평대군방전도(麟坪大君坊全圖) 30, 31
인현왕후(仁顯王后) 44
일각문(一角門) 74, 75, 177
일성록(日省錄) 46
일암관(日巖館) 205
일출목 113
임원경제지(林園經濟志) 69, 72, 101, 108,
    117, 121~124, 187, 192, 197

자

자경전(慈慶殿) 21, 96, 115, 166, 190
자선재(資善齋) 39
자이당(自怡堂) 203, 205
잠저(潛邸) 30
장경각(藏經閣) 38, 39, 41, 69, 70
장남궁(長男宮) 41
장대석 106~108, 161, 170, 185, 187
장락문(長樂門) 73, 75, 78, 84, 86, 89, 90,
    162, 170~172, 201, 202

장서각장본 32, 38, 56, 71, 73, 74, 76, 77, 83, 110, 172, 201, 205
장여 112~114
장주형 107, 108
장지문 129
장지바름 117
장헌세자(莊獻世子) 38, 42, 88
장희빈(張禧嬪) 44
재수각(齋壽閣) 21, 96, 109, 115
저승전(儲承殿) 37~40, 42~44
전각(篆刻) 48
전돌, 전벽돌 106, 108, 161, 165, 167, 174, 177, 178, 180, 184, 190
전서체 164
절병통 162
정당(正堂) 20, 38, 40, 216
정순왕후(貞純王后) 30, 205
정약용(丁若鏞) 205
정원 24, 51, 53, 80, 92, 169, 185~187, 189, 190, 192, 198, 206
井자 97, 138, 149
정전(正殿) 37, 93, 106, 110, 165
정조(正祖) 30, 36, 39, 40, 43, 48, 51, 61, 88, 89, 212, 217
조병현(趙秉鉉) 45, 208
조봉하(趙鳳夏) 208
조양루(朝陽樓) 30
조정(藻井) 64, 115
종도리 111, 114, 170
종보 114
종이반자 115, 124
종창방 113, 114
주(廚) 80, 82, 97
주돈이(周敦頤) 193
주두 112, 113
주련(柱聯) 27, 28, 68, 89, 90, 117, 123, 168, 197, 200, 208~210
주심도리 113, 172
주작(朱雀) 72

주춧돌 106
주칠(朱漆) 168
중광원(重光院) 39, 41
중도리 111
중문(中門) 77, 88, 90~93, 97, 100, 126, 169, 170, 201
중창 122, 126, 128
중행각(中行閣) 74, 75, 77, 79
중행랑 76, 80, 85, 90, 97, 98, 108, 160
중화문(重華門) 39, 40, 41, 73~75, 78, 86, 88, 90
중화전(中和殿) 165
중희당(重熙堂) 36, 39~41, 46~48, 56, 71, 87, 139, 177, 178, 184, 203, 212, 213
지붕마루 119
진수당(進修堂) 38, 39, 41, 69, 70
진종대왕(眞宗大王) 38
진토(塵土) 72
집경당(緝敬堂) 21, 90, 96, 109, 115
집복헌(集福軒) 21, 88, 89, 109
집영문(集英門) 36, 38, 39, 41, 69~71

차

창경(窓鏡) 126, 145, 146, 149
창경궁(昌慶宮) 21, 24, 26, 27, 31, 32, 36, 42, 44, 51, 71, 87, 88, 92, 96, 101, 109, 115, 215
창덕궁(昌德宮) 20, 21, 23, 26, 28, 29, 32, 34, 36~39, 42~44, 47, 51, 71, 92, 96, 106, 110, 115, 117, 120, 123, 155~158, 185, 189, 207, 209, 210, 212, 213, 216, 217
창방 101, 112, 113
창살 120, 121, 123, 124, 130, 138~140, 143, 144, 146, 148, 149, 168, 215, 216
창얼굴 143
창호 29, 120, 121, 124~127, 130, 138~143, 145~150, 209, 215

창호지문 121, 125~129, 141, 148
채광창 128
千자 190
천세수(千歲壽) 190
천장(天障) 27, 114, 117, 124, 167
천정(天井) 27, 64, 65, 115, 120, 150,
　151~153, 168, 193
천지장남지궁(天地長男之宮) 39, 41, 69
첨차 113, 114
청(廳) 76, 80, 82, 93, 96, 101, 108,
　115~117, 121, 123~129, 146, 185
청련(靑蓮) 193
청룡(蒼龍) 151
청판 98, 129, 159, 160
청휘문(淸輝門) 74, 75, 78
초각, 초새김 112~114, 157, 158, 177, 178
초석 81, 82, 101, 106~108, 110
초헌 170, 200
추녀 82, 120, 162, 163
추사(秋史) 48, 203, 205, 206
축좌미향(丑坐未向) 86
춘계방(春桂坊) 38
춘궁(春宮) 36, 38
춘방 38, 39, 41
취선당(就善堂) 44
취운정(翠雲亭) 24, 66, 69, 70, 74, 75,
　78, 82, 84, 86, 101, 105, 106, 108, 109,
　111~113, 117, 119, 155, 163~167, 174,
　178, 186, 189, 200, 206, 207, 215, 216
측간 87
층단쌓기 106
치마널 158, 160
치조(治朝) 21, 47, 215
칠보 무늬 143
침실 96, 97, 101, 117, 123, 126, 127
침전(寢殿) 20, 22, 51, 210

타

태극정(太極亭) 155, 156
태자궁 37
태조(太祖) 43
태종(太宗) 37, 43
통명전(通明殿) 21, 87, 92, 96, 115
통풍구 108, 109
퇴선간(退膳間) 93, 97, 98, 109, 126, 128,
　129
퇴칸 77, 83, 126, 128, 129
툇마루 93, 96, 108, 123, 154, 155, 157, 159,
　160, 174, 177~179
투각 159, 160

파

파련각, 파련초각 114
파련화(波蓮花) 163, 166
판장문(板長門) 170, 172, 177, 178
팔보(八寶) 177
팔작지붕 56, 119
편문(便門) 24, 169, 174, 177~179
편액(扁額) 52, 55, 64, 68, 168, 170, 172,
　200~207, 209
편전(便殿) 40, 47, 48, 56, 87, 93, 203, 215
평고대 82
평대문 170
평도리 110
평방 113
평원루(平遠樓) 24, 56, 66, 69, 73, 75, 78,
　82, 84, 86, 87, 89, 91, 105~110, 112~114,
　117, 119, 120, 138, 139, 146~148,
　150~154, 157~160, 162~164, 167, 177,
　178, 184, 186, 193, 194, 197, 199, 202,
　205~207, 215, 216
평원정(平遠亭) 56, 205
포도 177, 181, 183, 184

포벽(包壁) 113, 142
풍창(風窓) 162

하

하어의궁(下於義宮) 30
하연 119
하엽(荷葉) 154, 155, 157, 158
하인방 108
하지(荷池) 90
학 41, 153, 164, 165
학금(鶴禁) 41
학석(鶴石) 41
학인당(學忍堂) 203~205
한정당(閒靜堂) 23, 24, 27, 28, 80, 101, 178,
    184, 186, 189, 194, 197
한중록 37, 38, 42~44
함인정(涵仁亭) 32
함화당(咸和堂) 21, 89~91, 96, 109, 115
합각 120, 142, 162, 163, 165~167
합문(閤門) 24, 36, 82, 91, 92, 99, 142, 164,
    169, 172~178, 180~184, 190, 193, 198,
    216
향원정(香遠亭) 89, 91
향원지(香遠池) 89
향천(香泉) 203, 205
향천연지(香泉硏池) 203
허유(許維) 33, 48, 56, 96, 100, 203, 205
현무(玄武) 72
현판 32, 33, 52, 74, 197, 203, 205, 207~209
협상문(協祥門) 74, 75, 78, 86, 91
호리병, 호로(葫蘆)병 154~157, 181
혼전(魂殿) 37
홍예문 174, 177
홍재전서(弘齋全書) 30, 40, 43
화계(花階) 72, 82, 84, 92, 168, 177,
    185~192, 214, 216
화룡(火龍) 151

화방벽 98, 120, 160~162
화초괴자(花草拐子) 141, 142
환경전(歡慶殿) 21, 32, 96, 115
환기창 126, 128
회문(回紋) 166, 167, 180, 182, 184
회벽 167
회첨부연 82
회첨추녀 82
효명세자(孝明世子) 40, 46, 217
효장세자(孝章世子) 38
효정왕후(孝定王后) 45, 58, 59
효종(孝宗) 30
효헌왕후(孝憲王后) 45
흥선군(興宣君) 201
흥선정(興宣正) 201
흙자 164, 182, 184
희정당(熙政堂) 28, 47
희주(蟢蛛) 163